■ 室内设计辅导丛书

软装 搭配分析

INTERIOR DECORATING ANALYZE

徐娜——编著

江苏凤凰美术出版社

目录

中式设计

日式设计

法式设计

意式轻奢设计

北欧设计

参考文献

中式设计

中式风格概述

软装文化及运用

案例解析

第一节
中式风格概述

在中国元素风靡全球的当今时代，古典风格与现代风格激情碰撞，衍生出无数素雅含蓄、简约大气的现代风格空间，新中式风格是对传统中式文化的再创造，也是用现代手法对中式风韵的重新演绎。新中式风格以简约、古典、内敛、精致的独特魅力，将经典中式元素融入生活，传递空间的力量。

新中式风格更多地利用了后现代设计手法，把传统的结构形式通过重新设计组合，以另一种民族特色的标志符号出现。把握好新中式风格的软装设计，与设计者本身的文化修养和设计功底是密不可分的。这需要多方面的知识累积，要对中国传统文化、历史、人文、古典建筑、儒家、绘画、书法、园林等多方知识融会贯通。新中式风格内蕴深厚、彰显大家风范。

一、中式家具

新中式家具在造型上以现代工艺手法去打造，既保留了当代中国的审美要求，也符合实际的使用功能。新中式家具具有现代意义和价值，同时也传承了传统中式的经典元素和符号，散发端庄大气的大国之风。它在造型上充分考虑了人体结构和其舒展性的关系，非常人性化。

新中式家具设计在形式上简化了许多，通过运用简单的几何形状来表现物体，但它不是凭空出现的，而是在古人经验总结的基础上演变而来，是古典家具的现代化演变成果。

新中式家具包含两方面的基本内容：一是传统家具的文化意义在当前时代背景下的演绎；二是对中国当代文化情况充分理解基础上的当代设计，它既区别于传统和当代所有其他风格，又具有典型中国文化特色。它的特点就是在现代风格的基础上蕴含中国传统家具的文化意义。

新中式家具注重线条简单流畅，既要有浑然天成的气息，也要有巧夺天工的精细。传统中式家具大多坐感不佳，新中式家具在靠背、扶手、座垫等地方都做了较大的变革，符合科学的人体工学，也更加符合现代人的坐卧习惯。

（1）屏风

屏风是中式风格中具有代表性的装饰元素，也是现代家庭中应用较多的元素之一。中式屏风的制作样式多种多样，有挡屏、实木雕花、拼图花板等，还有一些黑色描金屏风。具有手工描绘花草、人物或者吉祥物等木质的屏风健康环保，经手工匠人精心绘制呈现出一幅美轮美奂的鸟语花香景象，为整个家居增添了一道亮丽的风景。图案色彩强烈、搭配分明。

中式屏风

（2）官帽椅

官帽椅是传统中式家具的代表，在中国传统家具中具有举足轻重的地位，使用的机会也很多。在现代中式家具中，官帽椅抛弃了繁复多样的雕刻，以造型合理、流线简洁的形式出现，大大减少了古典中式的厚重感，变得更加精神、干练，在现代中式的室内空间同样发挥着不可或缺的作用。

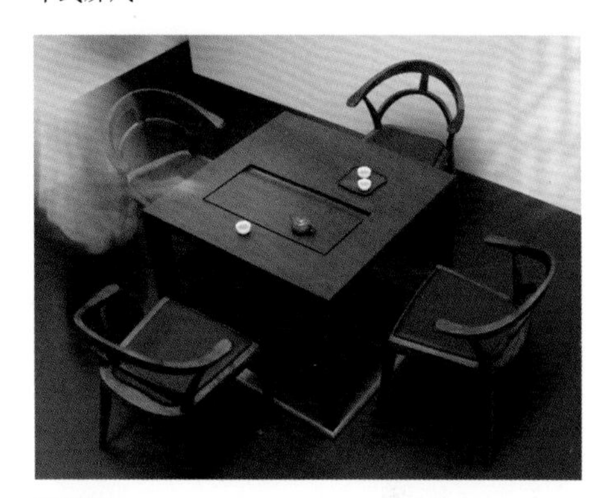
官帽椅

（3）条案

条案也是中式风格中最普遍使用的家具之一，包括平头案和翘头案两种。平头案一般案面平整，四足缩进案面，两挡板多为雕刻装饰。翘头案则案面两端装有翘起的“飞角”，健壮优美。条案的长度一般都超过宽度的几倍以上。

条案具有稳重端庄的特点，是一件极其风雅的器物，在古代多见于名门贵族家中，后渐被文雅之士用作摆设装饰，充分展现出“雅而尚礼”的审美意趣，也反映了中华民族审美意向的演变过程，更具艺术性、装饰性和实用性。在现代室内空间中，条案一般放在走廊、过道等处，台上适度摆放一些工艺品或花艺，起引导视线的作用。在一些较小的空间，也可以将条案规格改小，作为玄关，衬托出和谐、庄严的气氛来。

中式条案

二、灯光和灯具

新中式设计中，灯光设计可谓重中之重，许多新中式案例都是利用灯光重塑空间，规避建筑自身的缺陷。那么，新中式空间的灯光设计有哪些手法呢？现代中式风格的设计，更多的是利用灯光的照射来营造出理想的古典格调，合理的光照加上传统形式的家具，能营造出一种温馨、典雅的感觉。

中式灯光许多时候可以做到不可见，为的是突出主题，达到衬托作用。设计师利用灯光，可以将空间里本身的缺陷弱化，从而重塑更具美感、符合设计主题的空间。

光可实可虚，利用灯光控制好虚实关系，能带来更多层次与变化。将中式画与屏多次虚实运用，需私密之处务“实”，需开放通透之处则务“虚”，陈设与灯光运用也讲究虚实结合。在抽象化的几何秩序中贯穿自然流动的形态，结合灯光设计把室内空间与自然山水有机融为一体，纳天地之灵气，藏山水之秀美。

新中式灯具多以实木为主，搭配以云石、玻璃、羊皮、布艺等材质的灯罩，显得古朴典雅。质地坚韧的灯架色泽亮丽，纹理清晰，既美观又大气。造型受中庸、平衡、对称的影响，体现出中国古代艺术中的平衡美。其色彩明快，图案包含众多中式传统纹样，如龙凤、山水、书法等。 中式灯具将古代灯具里的优秀元素与现代潮流时尚融合在一起，实现古典与时尚并举，创造出优雅舒适的家居环境。因此，中式灯具不单单只是一件家居物品，更是一种文化精神的传递。

中式灯具氛围营造

三、中式装饰品

中国传统的陈设风格已成为东方设计的一大特点，它蕴含着两种品质：一是庄严典雅的气度；二是潇洒飘逸的气韵。中国传统室内陈设包括字画、挂屏、盆景、瓷器、古玩、屏风、博古架等，追求一种修身养性的生活境界。室内装饰艺术的特点是总体布局对称均衡，端正稳健，而在细节上崇尚自然情趣，花鸟、鱼虫等精雕细琢，富于变化，充分体现出中国传统美学精神。

（1）雕花板

雕花板是打造中式风格、增加艺术性和古典气氛的重要形式，在传统中式室内的门窗上最为常见。雕刻的内容也十分丰富，多以象征吉祥如意的图案为主，形状各异。雕花板是在细节中展示中国匠人技艺的代表。

雕花板

（2）水墨山水画

水墨山水画线条简约流畅，纯用水墨不设颜色，是新中式风格的灵魂点缀之笔。水墨画色彩微妙、变化丰富，是中国绘画的代表。水墨意境呈现的是情景交融、虚实相生，代表着生命律动的韵味和无穷的诗意空间。

自然之境，诠释东方美学的雅致大美，美观且不落俗套。简单、自然的雅致之美已不仅仅是设计中的一种风格，更是一种生活的态度与智慧。

（3）文房四宝

传统书房中少不了书柜、书案以及文房四宝。文房四宝，是指中国独有的书法绘画工具（书画用具），即笔、墨、纸、砚。文房四宝独具一格，既表现了中华民族不同于其他民族的风俗，又为世界文化和民族文化的进步和发展做出了贡献，这对于提高民族自尊心、增强民族凝聚力有着极为重要的意义。将这些古典元素运用到新中式风格里，能够营造独有的东方气息。

（4）新中式绿植

新中式绿植是中国传统人文里抹不去的傲骨，插一枝梅，清新、淡雅空间里的墨水味道骤然浓烈了起来；中通外直的竹子，疏枝密叶之间浮动着烟光日影露气，流泻出诗意；将松柏置于玄关威武堂堂，置于卧室典雅端庄，置于客厅提升气质，置于书房古色古香；根雕的树干、树根均具观赏性，做成盆景更具艺术性。

山水画

绿植搭配

书房展示

四、中式布艺

（1） 中式抱枕

在中式软装设计中，抱枕可谓是空间装饰的点睛之笔。新中式空间里的抱枕，材质上有很多选择，比如丝绸、棉麻、锦缎等，图案则以传统古典纹饰、人物、花鸟、山水墨画为主。小小的抱枕与新中式空间氛围相融合，家具散发出一种温婉清秀的气韵，可为新中式空间锦上添花，平添一份柔和与温暖。

抱枕高雅地展示在新中式的客厅，或娇媚地出现在床榻，又或以清逸的姿态点缀在古典书房……其以清雅的色彩、娴静的格调展示着居者别样的风情与品味。新中式居室中，流苏、丝穗、绣线锦绒不一而足，有道是“便纵有千种风情，更与何人说”，中式抱枕，让你更直接地触摸到心灵的宁静。

（2）床品

床是卧室布置的主角，布艺在卧室的氛围营造方面具有不可替代的作用，除了营造装饰风格，还具有适应季节变换、调节心情的功能。比如，夏天选择清新淡雅的冷色调布艺，可以起到心理降温的作用；冬天可以采用热情的暖色调来达到视觉的温暖感；春、秋两季则可以用色彩丰富的床上用品来营造浪漫气息。

中式床品格调高雅，造型优美，流露出传统文化的深厚底蕴。自带慢生活气质的中式风格，自然少不了花草元素的应用。中式风格床品一般选择丝绸材料制作，中式团纹、回纹、梅兰竹菊等都是这个风格的元素之一，床品的设计含蓄而隐秘。

中式床品也体现了中国古代宫廷建筑为代表的室内装饰设计艺术特点，讲求气势恢宏、端庄华贵，造型讲究对称，色彩讲究对比。中式床品精致的刺绣、舒适的面料、大量留白等，用类似写意画的手法勾勒花鸟、植物，把这一切元素放在床品上，美得很是不可思议。

抱枕可以随处使用

床上靠枕

● 床品的陈设方法

摆放方式	摆设技巧	代表图片
枕头 + 床单 + 被罩	最基本的床品摆放是常规四件套——两件枕头、一件床单和一件被套	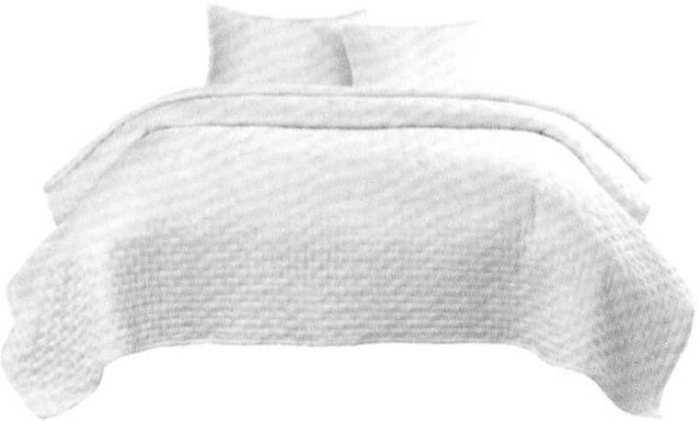
枕头 + 床单 + 被罩 + 大小尺寸的靠枕	大靠垫通常边长为 60cm，方便更舒适地靠在床头看书，而且与小靠垫形成对比，放置在枕头背后会使床具看起来层次更丰富	
枕头 + 床单 + 被罩 + 大小尺寸靠垫 + 半被 + 腰枕	靠垫要注意尺寸、形状的穿插与搭配，都是同样大小、同样形状的靠枕就会显得呆板 盖毯分为两种，大盖毯可以遮住床，有垂挂感，适合平铺，通常说的床盖属于这类；小盖毯则可以随意放在床上，制造出一种随意感	

● 床品的选择

类型	床品尺寸	代表图片
1.0m 床	被套：160cm × 210cm 床单：160cm × 230cm 枕套：48cm × 74cm	
1.2m 床	被套：160cm × 210cm 床单：160cm × 230cm 枕套：48cm × 74cm	
1.5m 床	被套：200cm × 230cm 床单：230cm × 250cm 枕套：48cm × 74cm	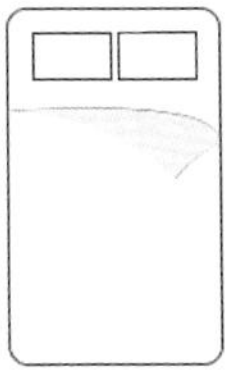
1.8m 床	被套：200cm × 230cm 床单：230cm × 250cm 枕套：48cm × 74cm	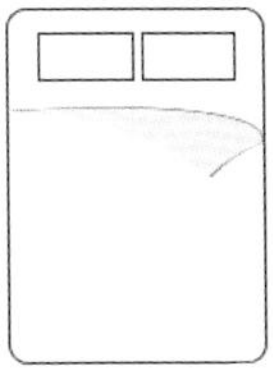
2.0m 床	被套：220cm × 240cm 床单：250cm × 270cm 枕套：48cm × 74cm	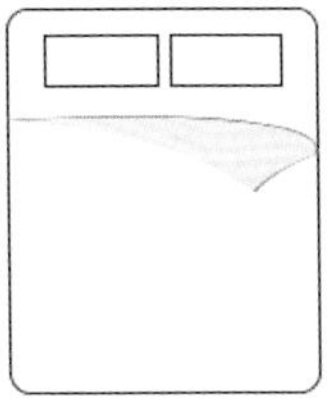

（3）窗帘

在中式风格的室内，窗帘多采用简洁、硬朗的直线条。直线装饰在空间中的使用，不仅反映出现代人追求简单生活的居住要求，更迎合了中式家居内敛、质朴的风格，更加实用，更富现代感。

新中式风格平和内敛，窗帘设计可采用充满中式元素的布艺帘或竹帘。色彩以米色、杏色和浅金等清雅色调为主。帘头设计不宜太过花哨，流苏、云朵、盘扣等中式元素的配饰可适当点缀。中式窗帘讲究对称，窗幔造型比较简洁大气，运用一些拼接方法和特殊的建材，能凸显浓郁的中式韵味。

在私密的卧室空间里，纱幔是搭配床品的不错选择。纱幔不仅可作为窗帘，也可作为精美的墙面装饰在古典家具的背后，烘托家具气氛。

传统中式的流苏窗帘、手绘花盘等，对于增添新中式风情而言，显得尤为重要。花边不但需要与窗帘面料相协调，还需要与帘头搭配得当，以期最终锁定整个窗帘的风格。花边的点缀能够让窗帘锦上添花，为居室增色。新中式风格的窗帘布艺也延续了传统中式的吉祥图案，如龙凤呈祥等，另外也有许多的自然风景元素。

纱帘

百叶帘

布帘

竹帘

在布艺的窗帘世界中，设计源于对一年四季真实的感悟。每一种风格的应用和理念呈现，均体现在细节的微妙之处，比如铝合金导轨的轨身轻盈牢实、窗帘配布增加胶质小暗扣能增加帘身的拉扯承受力，使拆装更为简便。

面料与吊穗配件精彩演绎出窗帘的时尚美感，在制造帘布起伏有序的纹路时，使得垂落更为匀称，收起更显美观。透气、吸热的亚麻，轻盈细腻的提花面料，高贵雅致的仿真丝，天然环保的竹纤维材质不仅把布料材质的优势应用得当，还把设计和艺术发挥得淋漓尽致。

窗帘主布、配布和窗纱的分层设计很好地开启了居室空间对光线的掌控，设计温馨之家的华美之境，必定有万千种感悟的情怀，当雅致的建筑空间遇见精工细作的窗帘，情感的温度便洒落到每一个有爱的家。

窗帘罗马杆

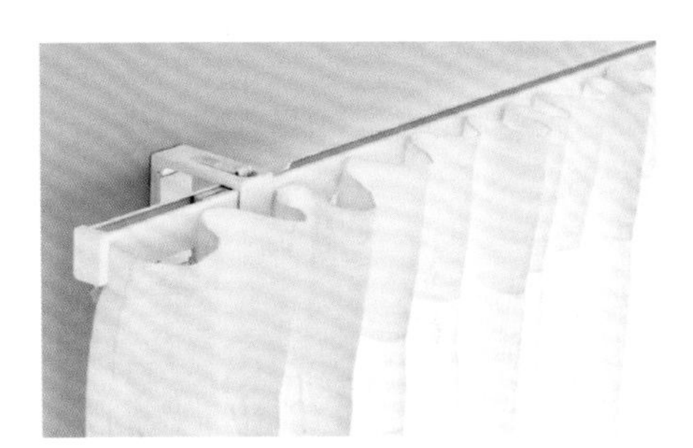

窗帘轨道

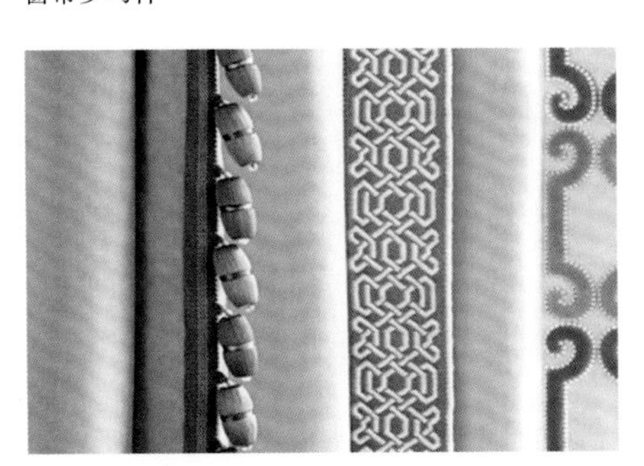

流苏、花边

窗帘墙钩

窗帘挂球

窗纱

第二节
软装文化及运用

一、中国茶文化

1. 文化特点

中国茶文化的产生有着特殊的环境与土壤，不仅有悠久的历史、完美的形式，而且渗透着中华民族传统文化的精华，是中国人的一种特殊创造。

中国的茶文化源远流长、博大精深，其形成和发展的历史非常悠久，几千年来，不但积累了大量关于茶叶种植、生产的物质文化，更积累了丰富的有关茶的精神文化。中国作为茶叶的原产地之一，在不同民族、不同地区，至今仍有着丰富多样的饮茶习惯和风俗。先秦《诗经》总集里就有关于茶的记载。汉朝，茶叶已成为佛教“坐禅”的专用滋补品。唐代，茶业昌盛，出现了茶馆、茶宴、茶会，提倡客来敬茶。清朝，曲艺进入茶馆，茶叶对外贸易发展。

茶文化是中国具有代表性的传统文化，是伴随商品经济的出现和城市文化的形成而孕育诞生的。历史上的茶文化注重文化意识形态，以雅为主，着重于表现诗词书画、品茗歌舞。茶文化在形成和发展中，融合了儒家、道家和释家的哲学思想，并演变为各民族的礼俗，成为优秀传统文化的组成部分。

中国素有“礼仪之邦”之称，茶文化的精神即是通过沏茶、赏茶、闻茶、品茶等习惯，与中华的文化内涵和礼仪相结合，形成一种具有鲜明特征的文化现象，也可以说是一种礼节现象，这远比“茶风俗”“茶道”的范畴深广得多，也是中国茶文化与欧美或日本茶文化的区别所在。

“礼”在中国古代用于定亲疏、决嫌疑、别同异、明是非，在长期的历史发展中，是社会的道德规范和生活准则，对汉族精神素质的修养起到了重要作用。同时，随着社会的变革和发展，“礼”不断被赋予新的内容，和一些生活中的习惯与形式相融合，形成了各类中国特色的文化现象。

中国人饮茶，注重一个“品”字。“品茶”不仅鉴别茶的优劣，也带有神思遐想和领略饮茶情趣之意。品茶的环境一般由建筑物、园林、摆设及茶具组成，要求安静、清新、舒适、干净。小憩于此，意趣盎然。

我们的祖先用他们的智慧创造了一套完整的茶文化体系。饮茶有道、艺茶有术，中国人最为讲究精神传承，尤其是茶文化中所体现出来的儒、道、释各家思想精髓以及物质形式、意念情操，其道德、礼仪结合之巧妙，确实让人叹为观止。中国茶文化是中国人民的宝贵财富，也是世界人民的宝贵财富。

中国茶艺在世界享有盛誉，在唐代就传入日本，形成日本茶道。我国的十大名茶是安溪铁观音、西湖龙井、太湖碧螺春、黄山毛峰、六安瓜片、信阳毛尖、太平猴魁、庐山云雾、蒙顶甘露、顾渚紫笋茶。

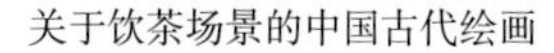
关于饮茶场景的中国古代绘画

中式茶具

2. 设计运用

中国的茶艺文化已传承多年，它可以出现在禅意高雅之室，也可以出现在小巷的茶馆之中，雅俗共赏。中国人讲究道法自然、天人合一，能够在家居中拥有一间属于自己的茶室，是每位好茶之人的心中所求。当茶室遇上新中式，注定是一道让人无法忘却的风景。现代中式茶室在传承古典文化的基础上，又以简洁大气的设计语言，赋予其崭新的现代格调。一切皆是静，一切皆是禅，唯有这方寸之地，能让奔波的灵魂诗意栖居。

茶室除了本身品茗的功能，更重要的是修身养性的地方。与传统中式茶室相比，现代中式茶室不事奢华、精在体宜，实现了传统文化与现代元素的完美碰撞，将两者的精华结合起来，“不以奢为尚，只因趣移情”。一抹淡雅的色彩，几笔洗练的线条，一套精巧的茶具，再加上几幅色调素雅的写意山水画，便能在设计上免于俗套，营造出一种安宁、静谧的视觉美感，将一股来自东方的气质和精神，全都浓缩于一器一物、一草一木之中。

自古禅茶不分家，人们喝茶、品茶，不仅仅是为了获得一种心灵的平静，更是为了从中体会禅学的真意，在物质与精神的双重满足中，感受到最自然的生活状态。其整体风格在延续古风古韵的同时，又进行了删繁就简。往往以温润质朴的原木桌椅、含蓄朦胧的木格栅材质为主体，打造出一个简单静雅的禅意茶室。

茶室的设计力求最大化地使用天然材质，比如棉麻织物、藤编、竹子等，颜色则以各种素色为主，与中式留白的呈现方式相融合。灯具材质也遵从自然法则，壁灯、射灯、吊灯等可通过不同形式的组合搭配来烘托茶室的闲适意境。

茶室的设计是一种全感官的、全方位的营造，是茶人对理想生活的全面预设。茶室的布置，必须与茶有关，既要考虑到美观大方、有舒适感，又要充分展现审美情趣和艺术氛围，满足品茶者的心理追求。

在定位好茶室格调的同时，设计师也需要了解不同的茶叶应该选择什么类型的茶具。选择茶具，除了注重器具的质地之外，还应注意外观的颜色。只有将茶具的功能、质地、色泽三者统一协调，才能选配出完美的茶具。

现代中式茶室打造

● 设计小贴士

茶具的色泽主要指制作材料的颜色和装饰图案花纹的颜色，通常可分为冷色调与暖色调两类。冷色调包括蓝、绿、青、白、黑等色，暖色调包括黄、橙、红、棕等色。

茶具色泽的选择主要是外观颜色的选择搭配，其原则是要与茶叶相配。饮具内壁以白色为好，能真实反映茶汤色泽与明亮度。同时，应注意一套茶具中壶、盅、杯等的色彩搭配，再辅以船、托等，做到浑然一体。如以主茶具色泽为基准配以辅助用品，则更是天衣无缝。

绿茶——选用透色玻璃杯，应无色、无花、无盖，或用白瓷、青瓷、青花瓷无盖杯。

花茶——青瓷、青花瓷等盖碗、盖杯、壶杯具。

黄茶——奶白或黄釉瓷及黄橙色壶杯具、盖碗、盖杯。

红茶——内挂白釉紫砂、白瓷、红釉瓷、暖色瓷的壶杯、盖杯、盖碗或咖啡壶具。

白茶——白瓷或黄泥炻器壶杯及内壁有色黑瓷。

乌龙茶——紫砂壶杯具或白瓷壶杯具、盖碗、盖杯，也可用灰褐系列炻器壶杯具。

二、中国瓷器文化

1. 文化特点

瓷器是我国重要的代表器皿，是中国人民的独特创造，从隋唐时期便开始向外域流传，宋、元、明、清各代，瓷器都作为重要商品行销全国，走向世界。

中国素有“瓷国”之称， 英文以瓷器“China”来命名中国，而我国对此“未持异议”，体现的或许正是双方对瓷器之于世界文化意义的高度共识。在东西方之间的文化交流史上，中国的瓷器曾是物质文化交流中最受欢迎的一种商品。

瓷器之美，美于其形与色，那是一种内敛、含蓄的文化气质，当一件件或瓶、或罐、或碗、或杯的瓷器在洁白的釉面染上亮丽的色彩，便仿佛浸润上美丽澄澈的湖光山色，瞬间流光溢彩，魅惑无比。

瓷器看似波澜不惊，却处处流露出盛世风华，蕴含着无限韵味。细细观赏，一种古朴宁静的芳菲满溢，带着唐、宋的高雅，携着元、明的底蕴，随着匠人的双手，把历史的缩影都融进了这些器物之中。

瓷器以其独特的民族文化特色代表着中国悠久的文明。从瓷器的造型和装饰来看，它能比较完美地体现中华文化的面貌。作为陶瓷本身，其蕴含着两种品质：一种是庄严典雅的气度；另一种是潇洒飘逸的气韵，而中国传统空间设计也力求表达特定的情感意境，以达到传情达意的精神境界。因此，陶瓷元素与空间设计两者之间存在着情感方面的关联，将陶瓷文化的精髓转化运用到空间设计之中，这是对传统文化传承最好的手段及方式。

瓷产品是一种具有实用价值和欣赏价值的作品，同时也是具有精神价值和文化价值的产品。它精美的图案、丰富的色彩、精湛的工艺，经过前辈们的长期实践，形成了我们独特的陶瓷文化。

近年来，随着人民生活水平的不断提高，陶瓷艺术越来越被现代人接受和关注，而家居设计运用陶瓷元素也已成为必然趋势。

紫釉钧窑

釉里红松竹梅纹罐

2. 设计运用

瓷器是中国本土的文化之一，在室内设计中融入瓷器元素，给人一种穿越时空的感觉，仿佛置身于古代的文化氛围之中。

现代生活中的瓷器艺术已远远超出了古代以实用而制为目的的阶段，做到了实用与装饰并存的境界。特别是带有现代装饰风格的陶艺作品，创作者将对美的感悟和体会融入其中，使陶瓷艺术渐渐成为美化室内空间的文化载体，同时也对室内环境起到了点缀与装饰的作用。

用青花瓷打造一个新中式风格的空间是别有韵味的，墙是白的，床也是白的，整体再加一些青花瓷图案，又是一番风味，这种整体构造出来的优雅，更是一番享受。青花瓷落笔简洁，却有不动声色之奢华；用色纯净，却偏有一种散落空灵的凝重。其本身的色泽清新淡雅、细腻柔和，简约中式风格的青花瓷装饰，给整个空间注入了传统的文化元素，充满了独具魅力的东方神韵。

（1）墙面陈设

一般以瓷盘、瓷板在墙面上的装饰为主，一种是以刻画的陶盘、压印的艺术陶板、手绘釉上彩或釉中彩的瓷板画为主要的装饰手法，将不同大小的瓷盘按照一定的疏密关系摆放在墙面上，使墙面在视觉上产生层次感，给人动感的视觉享受。若墙面以暖色调为主，瓷盘则以偏冷色调来调和，这种对比和反差更能突出主人的生活情调和品味。另一种是在墙面上进行镶嵌，如用陶瓷为材料做成浅浮雕，或者用陶砖为元素在墙面做成壁画等。

（2）悬挂陈设

主要指悬吊在居室顶棚的实用装饰品，如中式的灯具、风铃等。悬挂式陶瓷灯造型别致、格调高雅且具有一定文化内涵，这种陶瓷灯已超越其自身的使用价值而使居室空间充满精神价值的魅力。

一些瓷器碗碟也可以成为悬挂的装饰用品，现代的空间设计早已打破一些陈规旧俗，采用现代手法摆放传统饰物，也不失为一种创意。

（3）落地陈设

顾名思义就是指放在地面上的大型装饰用品，如花瓶、雕塑等。因为是落地陈设物、易碎物品，故在布置时应注意摆放位置，宜选择能够满足使用要求、适宜观赏且不妨碍人们日常生活的地方。一般布置在客厅墙边或玄关入口处，走廊的两边及尽端等位置也适合摆放。

（4）桌面摆设

主要是指能在台面上摆设且实用性很强的陶瓷生活用品。其范围相当广泛，如茶几上的陶艺杯、床头柜上的陶艺灯具、窗台上的花瓶等都是非常别致的陈设。茶具是很重要的陈设，一套精美的茶具能体现这家主人的喜好。

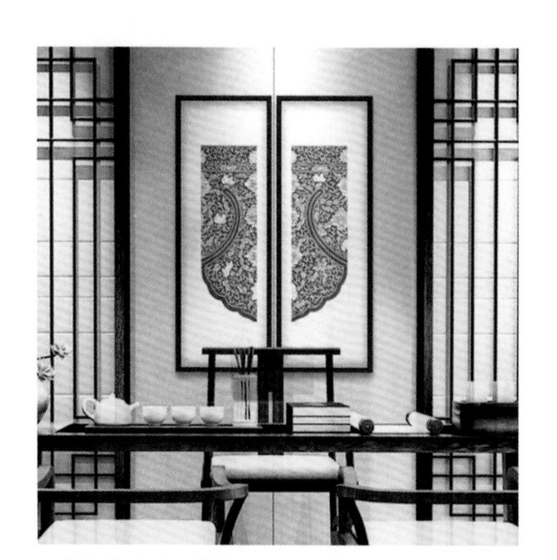

现代新中式墙面装饰画，用青花瓷元素绘制

瓷器花瓶

青花瓷的碗碟也可以作为装饰物，构成一处亮点

青花瓷的元素也可以在布艺或灯饰中装点空间

三、中国红文化

1. 文化特点

“中国红”的英文是“Vermilion”，翻译成中文就是朱红或者朱砂红，原是一种优质颜料的称谓，用于烧制陶瓷用品。其所形成的色彩非常鲜艳温润，为人们所喜爱。因为朱红颜料的成分辰砂（Cinnabar）来自中国，因此西方人有时候把朱红颜料称为“中国红”。色彩中的红色，其细分还有很多种类，其中有一种绛红色最为纯粹和明艳，与我国五星红旗的色彩一致。因此，人们通常把象征国旗色彩的大红色称之为“中国红”。广义“中国红”的概念非常宽泛，它并不是特指某一种颜色，而是一系列“中式”红色的统称。以此为主色调衍生出的“中国红”系列有暖暖的橘红、羞涩的绯红、娇嫩的石榴红、深沉的枣红、华贵的朱砂红、朴实的陶土红、沧桑的铁锈红、鲜亮的樱桃红、明艳的胭脂红等。

中华民族对“中国红”的崇尚历史久远，可以追溯到 3 万年前的山顶洞人时代。据考古发现，在北京周口店山顶洞人的墓穴里，就发现周围有用赤铁矿粉撒成的圆圈。

古代先民在生产劳作时，喜欢察物观象，予以描绘、总结并加以记载。东汉经学家刘熙所著《释名》卷四中记载：“青，生也，象物生时之色也。赤，赫也，太阳之色也。黄，晃也，晃晃日光之色也。白，启也，如冰启时之色也。黑，晦也，如晦冥之色也。”人们从自然万象中获得了这五种基本的色相，并体会到这五色与早期人类的生产、生活实践有着密切的利害关系，所以被中国古代视为五种“正色”，并赋予了其吉利祥瑞的意义。

在中国历史文明的长河里，红色一直都被视为尊贵、喜庆的颜色。“中国红”存在于古色古香的秦汉气息里，延续在盛世气派的唐宋遗风中，传承着魏晋南北朝的辉煌灿烂，也流转着元、明、清代的独特风骚。最具代表性的是作为帝王建筑典范的北京紫禁城，其美轮美奂的红色宫殿、凝重厚实的红围墙、典雅精致的红色长廊、耀眼的红琉璃瓦，无不用红色显示着统治者至高无上的权势和地位。“中国红”不仅仅是一种颜色，其背后传递的丰富文化内涵，汇聚成了一个偌大的中国人都具有的红色情结，生生不息地传承至今。

传统的色彩观念作为一种富有特殊含义的认知图示，影响着民众的审美创造，从而导致了吉祥图形设色的主观唯我倾向，这种色彩的主观性归根结底还是受中国传统文化影响的结果。在中国民俗文化中，红色的自然属性使其成为人们表达喜庆和激情的媒介，人们用红色表达喜悦和祝福，用红色来进行自我保护、消灾驱邪。在中国的家家户户，各种喜事、婚嫁以及瓷器、漆器、家具等物件里，都可以看到红色的身影。从来没有一种颜色，能在中国这片土地上做到雅俗共赏。

色彩在中式建筑文化中也是一种象征符号，比如明、清时代的皇家建筑，色调突出黄、红两色，黄瓦红墙成为基本特征，而且黄瓦只有皇家建筑或帝王敕建的建筑才能使用。

“中国红”作为中国人的文化图腾和精神皈依，凝结着浓厚的传统精髓，沿袭了历代的无尽风华，是中华民族最喜爱的颜色，将其引入家居，必将是一道绚丽的光芒。“中国红”鲜艳而纯正，在纯白基调的空间里，无论是一件“中国红”家具，还是小小的抱枕，或是仅仅用来装饰的一幅挂画，她的傲娇姿态都能展现得淋漓尽致。“中国红”作为中国传统色彩元素，它不仅属于中国，更属于世界。

故宫红墙

2. 设计运用

对于家居装饰来说，当人们的基本生活条件有所保障后，对生活质量和居住环境会提出更高的审美诉求。色彩的搭配和运用是中式风格室内设计必须要考虑的因素之一，它决定着整体的格调，能使空间功能与美感得到最大限度的发挥。“中国红”是中华民族最具代表性的色彩，中华民族将这种炽烈的颜色根植在我们文化的血脉当中，逐渐形成了以红色为符号的传统文化，在悠久的历史中影响着我们的价值观。随着时代的发展、国家的强盛，“中国红”已成为中国的专属色彩，不仅是精神上的，还体现在物质上。它除了在服饰、各种饰品中适用外，室内软装设计中也不少见。如何把这一经典的色彩元素运用到室内设计当中，结合现代人们的生活习惯和精神需求，从室内设计的各个方面来展示“中国红”的博大精深，是一个新的课题。

（1）红色配饰

红色含蓄且热烈，每一分都像是经过淬炼而成，带着凤凰涅槃的光芒，点燃家居生

红色装饰品

活的激情。中华民族发展的各个阶段都出现过大量以红色为主要元素的艺术品，例如大红灯笼、釉下红瓷器、中国结、大红漆器等，这些艺术品都是民族文化的结晶。在流传千年的过程中，家居配饰的外形和材质不断

提炼，但“中国红”诠释的特殊内涵与传统文化中沉淀的那份和谐与圆满却一直传递了下来。

“中国红”是最富生命力的元素，用红色软装配饰局部点缀，可提高色彩搭配的美感，其鲜艳的色彩碰撞，给我们带来一场明亮、调皮的视觉盛宴。

（2）红色墙面

红色不宜长时间、大面积作为空间主调，容易形成视觉疲劳，但是却可以作为一面墙的主角，独领风骚，又或是以装饰画或其他装饰形式来点缀墙面，打造灵动的生活空间。

打造一个红色墙面为主调的居室空间，一定要搭配其他颜色，降低空间的色彩鲜艳度，达到饱和、平衡的色彩视觉。最常用的有白色，白色与红色搭配，会让居室有一种时尚感，这种搭配适合抽象的现代格调家居设计，可降低凌乱的感觉。同时，红色与黑色也是白色的调味剂，点缀其中的红色显得利落大气，减弱了空间的冷清，带来一丝温馨。

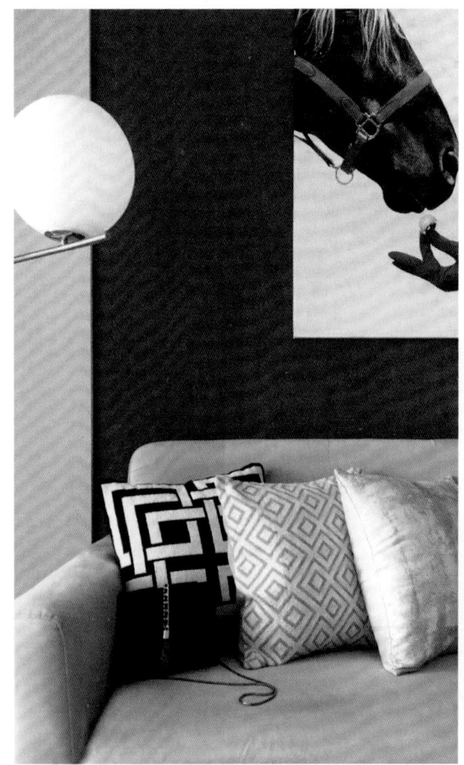

红色墙面装饰

（3）红色布艺

现代家装布艺多体现在窗帘、床品、靠枕、盖毯、家具面料和餐巾等方面，设计变得凝练而写实，一改传统、复杂的装饰，同时富含现代元素。红色布艺的点缀是设计师极力渲染的一道热情装饰，带有挥之不去的强烈印象，牢牢锁住色彩碰撞在情感上的表达。时尚的张力在不动声色之中自然流露，为空间捕捉一丝温馨及暖意。

红色布艺装饰柔化了空间环境，增添了柔软、温馨、亲近之感，使人们获得了丰富而舒适的生活享受。它承载着美好的愿望，使室内环境充满唯美的风格。

在寒冷的季节，运用红色布艺装饰，可以给室内增添几分暖意；在炎热的季节，运用红色布艺点缀，可以突出层次与立体感。

红色布艺

红色餐巾

四、徽派水墨建筑文化

1. 文化特点

黑瓦白墙、马头翘角，徽派建筑以它独有的姿态屹立在华夏大地千百年，质朴高雅、如诗如画。作为一个传统建筑流派，融古典、简洁与富丽于一身，一直保持着其独有的艺术风采。

马头墙是徽派建筑的重要元素。在聚族而居的村落中，民居建筑密度较大，防火的矛盾比较突出，而高高的马头墙能在相邻民居发生火灾的情况下，起着隔断火源的作用，故而马头墙又称为“封火墙”。在古代，徽州男子十二三岁便背井离乡踏上商路，马头墙也是家人们企盼人归的物化象征。其黑白辉映、错落有致，具有一种明朗素雅和层次分明的韵律美。马头墙背景以黑白为总体色调，又以黑、白、灰的渐次变换构成统一的视觉韵味，既单纯得一目了然，又透露着高深莫测的神秘。粉墙、黛瓦、碧树、蔓草、修竹，使黑白的人工之色与万物的自然之色交融互见，形成了一幅天然且富有层次的水墨山水画。

徽派水墨建筑推崇简单、禅意，充满东方韵味。水与墨、黑与白、浓与淡相融，这种根植于心的“集体审美情感”，才是东方之韵最本质的特点。水墨画虽只有黑白两色，但色彩微妙且变化丰富，是中国绘画的代表。它呈现的情景交融、虚实相生，代表着生命律动的韵味和无穷的诗意空间。

自然之境诠释着东方美学的雅致大美，即美观，又不落俗套，它已经不仅仅是设计中的一种风格，更是一种生活的态度与智慧。

马头墙

2. 设计运用

生活在现代都市的文人墨客，拥有自然意趣和鉴赏品味，不但在茶香中品味淡雅，也会收藏搭配具有现代品质感的新中式家具，令其与水墨空间相得益彰。舒缓的意境始终是中式特有的情怀，而水墨写意常常是成就这种诗意的最好手段，历史与现代碰撞，自然与建筑融合，静谧与繁华共存。

徽派元素与现代室内的融合，最好能够与现代建筑有创作上的联系。其一，虽然传统的徽派元素时间久远，但依然具有顽强的生命力；其二，当今社会发展快速，人们对多样化的需求变高；其三，现代的设计也需要多样化；其四，人们对物质生活的需求在不断变化，但对于传统的情怀却无法改变。可以说，现代就是以后的传统，传统就是过去的现代，徽派元素的传承就显得必不可少。

相对于室内设计而言，要根据时代的特征和现代人的审美视角，合理应用徽派建筑元素，使它们之间相互影响，找到自己的契合点，是设计师需要重点考虑的。

（1）黑白水墨画墙饰

黑白水墨画赋予了室内设计意境美，将黑、白两色运用在室内，有一种东方美学的艺术感。将东方美学观念融入到居室设计之中，取其神韵、存其风骨，雅静而又不乏时尚，让人不禁放慢脚步享受诗意的生活。

中国徽派水墨意境，以其独有的灵动与静谧、诗意与洒脱，成为东方美学的重要组成部分。将水墨色彩融于一室之内，除去多余装饰，看似不费心思的简单雕琢，却充满细腻灵动的艺术气息，让人沉醉其中，悠然自得。看惯了现代社会的喧嚣与纷杂，方知古人风雅情调之可贵，正所谓“窗竹影摇书案上，野泉声入砚池中”。近年来，新中式水墨黑白画的诞生，正是以深厚的传统文化底蕴为背景，承千古遗风、融东方气质，对富有古典韵味的事物进行了现代演绎，也为我们的生活方式提供了新的可能。

新中式与黑、白、灰的碰撞，让空间本身犹如一件精致的艺术品，让人瞬间回到过往的幽静，“清风疏树影，疑似故人来”。淡雅的色彩、利落的线条，再在现代风格中融入一些古典元素，案几、书架、木椅、香炉、瓷器、毛笔等，沉稳中带着几分灵动，就能很好地诠释文人雅舍的意境。东方水墨，气韵天成，只要通过现代设计手法的表达，将中式神韵融汇其中，你也可以一品文人的风雅逸致。

新中式风格中的水墨背景装饰

（2）天井元素

天井在古代是对房与房、房与围墙之间所围成露天空地的称谓。中国人讲究以聚财为本，造就天井，使天降的雨露与财气聚拢。“丹楹榕桷，天井长窗”，这是传统中式装饰元素之一，在设计中经常灵活应用，它们共同构筑着属于中国人的装饰美学意境。

天井在现代室内设计中更多的是以“天窗”的形式存在，与墙面窗户的功能不同，它发挥着调节室内总光线和对流空气的功能，同时也起到展示室外景观的作用。天井多把日本的枯山水和中式园林融入其中，以静谧、禅意为特色，地上的苔藓慢慢滋生，帮助本身回归内心世界。天井营造的自然风景令空间充满了生命活力，把整个居家贯穿，让气息流动，让视野通透，把户外的阳光与草木、流水的自然意蕴融为一体，达到人与自然和谐共生。

用天井装饰的空间

天井装饰别具一格

（3）马头墙元素

中国古典建筑反映了前人的智慧与经验，取建筑中的元素进行分解与简化，并运用到现代室内设计之中，让设计闪耀出带有民族气质和中华文化底蕴的光芒。

在家具的设计中，可以采用马头墙的方形线条，把马头翘起的造型简化，能大大扩展视觉空间。马头墙的设计有着高低错落的层次，其形式称为一叠、二叠、三叠，高大的墙体因此便富有了动感。装饰摆件的设计也可以运用马头墙的元素，让整个装饰品富有律动美，为整个室内氛围增添亮点。

马头墙元素在室内家具和装饰品中的运用

五、国画留白文化

1. 文化特点

所谓留白，是指在书画创作中，为使整个作品更加协调精美而有意留下的空白。它是中国艺术作品创作中常用的一种手法，极具中国美学特征。

从艺术角度上说，留白就是以“空白”为载体渲染出美的一种艺术。而从应用角度来说，留白更多的是指一种简单、安闲的理念。国画中常用一些空白来表现画面中需要的水、雾、风等景象，这种技法比直接用颜色来渲染表达更含蓄内敛。后来此技法逐渐应用到其他绘画之中，意即我们所说的留白。留白可以使画面构图协调，减少构图太满给人的压抑感，很自然地引导读者把目光引向主体。

中国画中的空白，有很大的学问。这种空白就是气，随着画中所绘形成了一种动势，向一定的方向在运动着，也就是所谓的“气局”。所以画不在大小，在乎“气局”要大。有的画咫尺却有千里之势，有的画尺幅再大，但气是散的，显得琐碎而凌乱。中国画本来就讲究“舒卷开合、舒放开来”，这种气局、气运之妙，赋予了中国画以生命活力，产生了画中的意象之美。

留白是创造意境的重要方法，也是构成画面美感不可或缺的元素。有时候，恰到好处的留白，反而让人有在有限之中探究无限，获得一种意外想象空间与艺术上的独特。

“中式留白，是一种减法的美”，所谓“无画处皆成妙境”“方寸之地亦显天地之宽”，在画面上进行适当的留白，使之不阻塞、不凝滞，才能凸显画家灵动的风神气韵，产生“超乎其外，得乎其中”的意境之美。

明末清初“八大山人”朱耷作品

明代 曾鲸《王时敏小像》轴

南宋马远《寒江独钓图》

2. 设计运用

国画中常用留白来渲染“无画处皆成妙境”的艺术效果，后来这种方法逐渐被运用到室内设计当中。所以说，不仅是书法、绘画、音乐等艺术领域，室内设计也讲究留有余地，来牵引出开阔无垠的空间感。

留白，是现代设计的大趋势，很多人习惯于将它与“空白”画等号。其实，留白不空，留白不白。其巧妙地平衡了空间质感，不仅可以拓宽空间的层次布局，还能营造出独特的意境，恰如老子所言“恍兮惚兮，其中有象”。

而新中式设计中的留白，亦以大面积的空白为载体，给人留下了遐想的余地。聚焦越清晰，就越能彰显出整个空间的审美价值。它与带有东方韵味的水墨画、圆框、博古架、原木家具等充分融合，让人仿佛处于无限的空间中，渲染出一种极致的静，于虚实相生间顿生美感。

留白的取舍过程，实则就是做减法的过程。当一个空间被剥离到只剩最少的元素，是一种令人感到清新脱俗的设计方式。

（1）玄关留白

自古以来，含蓄内敛的中国人就比较注重门户隐私，特别讲究一种“藏”的精神。在过去，为了对户外视线产生一定的屏障作用，人们大多借由隔断装饰来避免门户外露的情况。如今，新中式风格依托于崇尚简约的时代背景而产生，所以在玄关的设计上，也大大颠覆了以往的烦琐雕饰，将传统元素和现代设计完美结合，化繁为简、回归质朴，令空间多了一份简洁的庄重。

玄关留白

（2）客厅留白

恰到好处的留白，就像国画艺术般构造出空灵、写意的东方韵味，不仅渲染出美的意境，更使“无中生有”深化到新的高度。客厅原来亦可如此设计，让白墙留出空间感，只留下简约实用的功能性家具，再辅以水墨画、盆栽、瓷器、老物件等精致小品加以点缀，铺出层次感。设计上注重简约、含蓄，追求雅致，不落俗套，无形中便可产生意想不到的视觉效果。

客厅留白

（3）茶室留白

中国人向往返璞归真，从中式茶室设计中也可窥见一二。寻一处清净自在的地方，简单而无须缀饰。一方茶席，几张木椅，在装饰细节上崇尚自然情趣，将空间、茶香、绿意与人融为一体，那便足够悠然于心，营造出一个简单而不失风雅的品茶情境。

（4）餐厅留白

饮食是一种文化，而中华美食则誉满天下。餐厅作为果腹飨宴之地，自然有它独特的韵味所在。新中式餐厅设计，同样要做到删繁就简，回归生活本真，不刻意强调一形一物，却能延伸出更大的“象外之境”，渲染出格调高雅的空间韵味。

（5）卧室留白

留白，是一种极致的审美，尤其是作为休憩、睡眠的卧室区域，更要以留白凸显主体，给人留下无限的想象余地。一床一柜一世界，当房间在温馨的灯光衬托下，营造出一种令人十分放松的氛围，再浮躁的心绪也会瞬间抚平，安然享受这宁静致远的惬意时光。

（6）细节留白

设计中需要增添理想，在细节里体现艺术的传承和时光的印记。留白是中国艺术形式中的精髓，它可以拓宽空间的层次布局，以大面积的空白为载体，给人留下遐想的余地，更强调了艺术意境的营造。

茶室留白

卧室留白

餐厅留白

细节留白

第三节 案例解析

风华雅筑

◎ 室内设计：DOME&ASSOCIATES 董世建筑
◎ 建筑设计：柏涛建筑设计
◎ 景观设计：伍道国际
◎ 硬装团队：肖天齐　尤传伟　刘涛　刘晓青　黄雅婷
◎ 软装团队：黄馨锌　周宇凡　孙国齐
◎ 项目地点：吉林长春
◎ 项目面积：995 m^2
◎ 室内摄影：阿光

建筑空间的精确性和秩序感、光影与色彩相互联系又相互影响，并通过连续的序列被人感知。设计尝试在统一的秩序中寻求些许的变化，不断追求时代创新的步伐，汲取创作产生的原动力与激情，利用美学品格去塑造建筑纯粹而精致的美感，以独特的视角带来更多的趣味性。

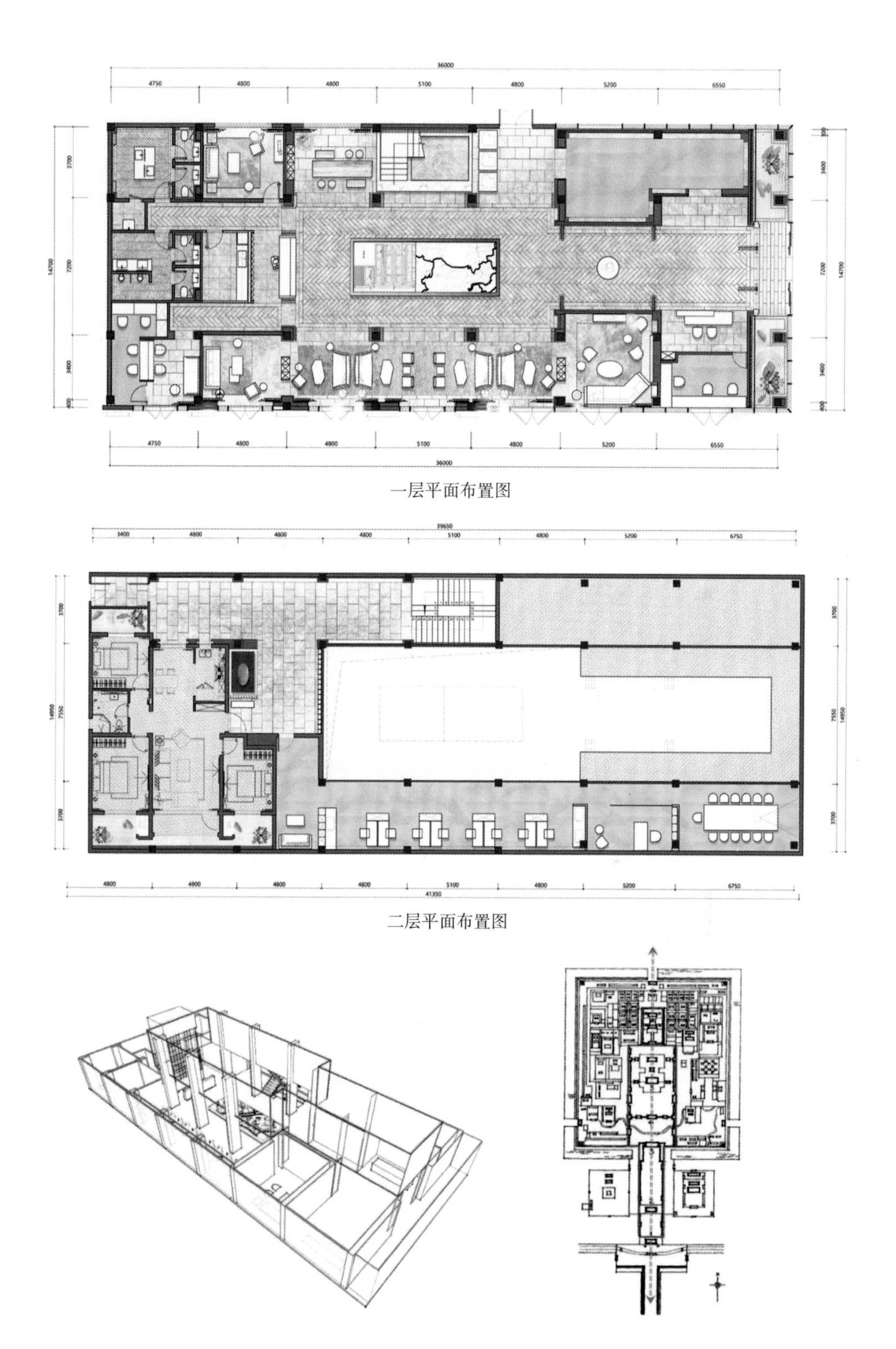

一层平面布置图

二层平面布置图

该项目所运用的风格是京派风格，尝试打破设计与艺术的界限，提取东方传统建筑元素，取其意而不取其形，把古朴与现代的鲜活创新性地结合为一体。整个建筑疏朗大气、游廊相接，里面的构造形式有体块穿插，围而不堵。景观设计致力于文化、风格、意境等的营造，将几何形由理性排列转化为感性制约，做到景观的通透与虚实对比。

细节之处，灵活运用古典元素，融现代与古典气息于一身，带来更多的内容及灵感。

项目划分为接待厅、前厅、品牌展示区、沙盘区、洽谈茶室区及 VIP 室。在空间处理上，设计师摒弃过多的装饰，采用简单、基本的设计手法，追求纯净的空间感觉，还原生活本质。

售楼大厅高阔的空间和略带奢华的装饰可以令视觉更具通透感和纵深感，规矩大方，颇具东方情怀的气度，并且整个参观路线给人一种由密到疏的引导感。

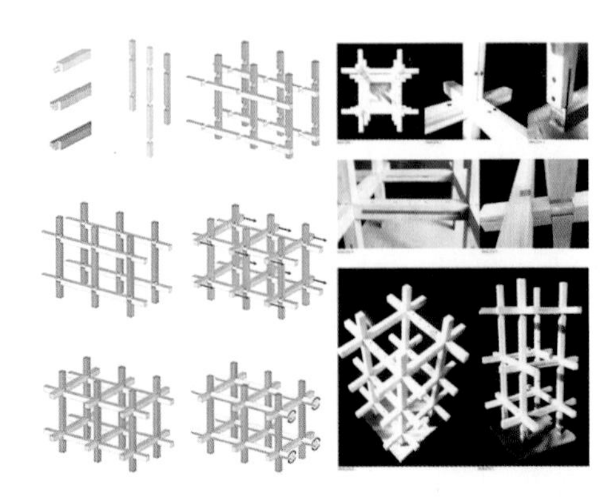

中国古典园林讲究空间尺度变化万千、平面铺陈、有机安排。起承转合的通廊在有限空间内营造出多尺度场所，绵延展现时间的进程，感受光影的变化。

前厅的细节之处，让对比的冲突不觉得突兀，恰到好处地利用光线 、比例、材质，定义出极简主义的设计魅力。而这种建筑哲学，在参观完项目的景观示范区之后，无疑会得到更深层次的感悟。

连绵的袖舞造型灯饰成为空间的焦点，若隐若现，在虚与实之间交换。空中好似舞动的丝带，形态各异，放松自我。

设计打破常规，采用剖面、斜切等新的设计方式来完成一个模型沙盘造型，又或者采用画卷形式的软装装置来与它对应，就像飘浮在空中的舞者。

该项目的核心是强调中国传统美学与现代建筑之间的关系，在东方美学的基础上，将时尚、现代的元素点缀其中，既有东方亭台楼阁的优雅婉约，又有都市时尚的现代格调。

品茶是中华民族的传统习俗，也是待客之道，有着悠久的文化历史。为了赋予室内以灵魂，让视觉不只是停留在表皮处理上，软装方面注入了闻、嗅、观、印等主题概念，采用了传统的墨笔、留白等表现技法。

设计师不断参考选材和设景，来充实室内的整体布局。

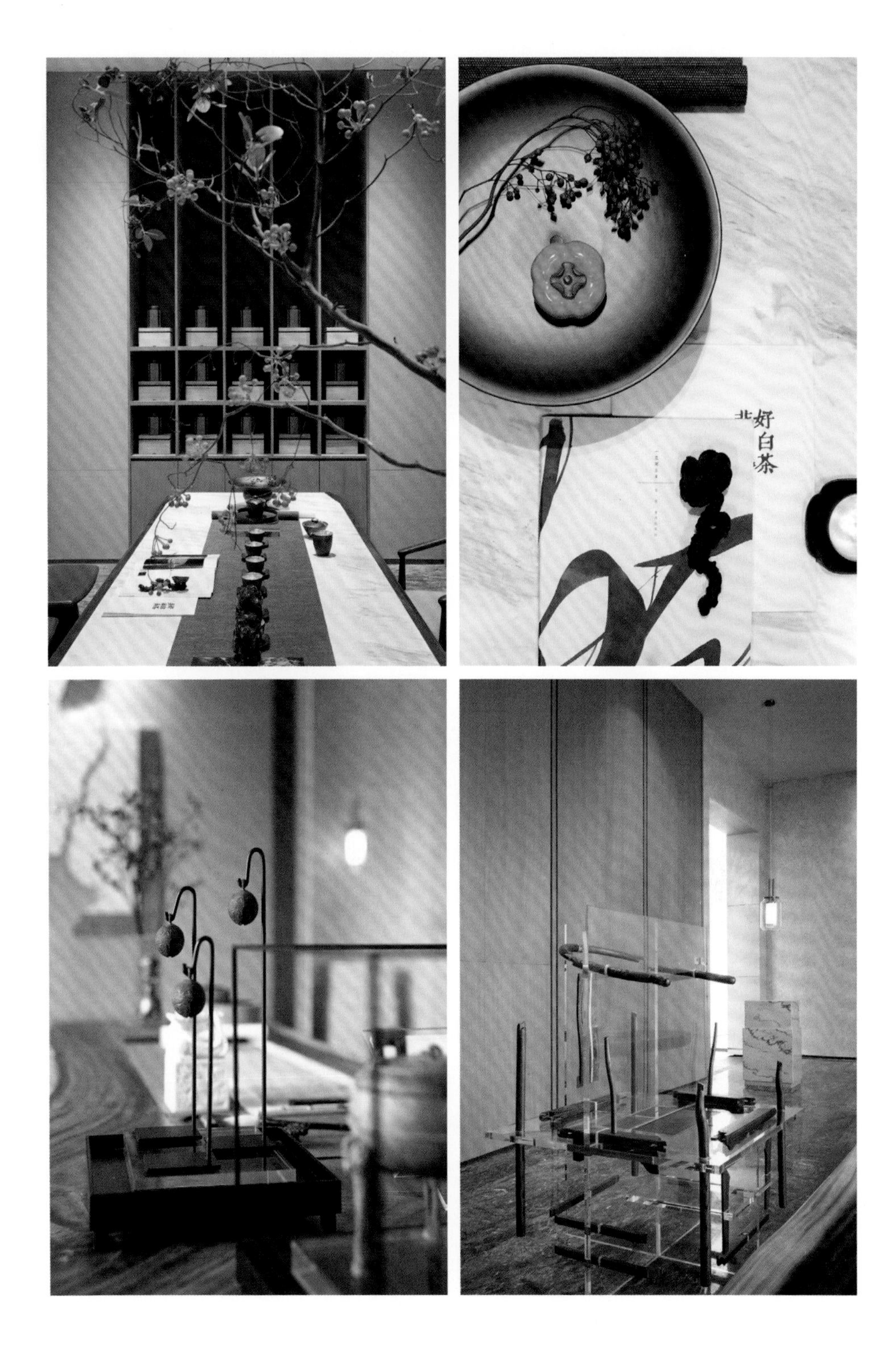
好白茶

“遇”的意义就是一种智慧，活在当下随遇而安，顺其自然。顺着一杯茶的步伐，把自然的魅力带到我们触手可及的地方。

设计利用画框的镜头来体现景观的整体格调，细节之处的景观装置运用了各种修饰手法来丰富画面。此处场景将实体景观的高度抬升，用简洁的表达方式营造雅致的空间，在光线的影射下，极富立体质感。

以时空为枢纽，融入东方美学的雅致灵动，用时光的痕迹细腻刻画出温润与舒适之感，营造当代人文雅致空间。这里的每一种物件，似乎都找到了最合适的位置，即便没有惊艳之感，但总有一隅可以填满内心的期许。

门庭一侧打造植物水景，一株优美的迎客松盎然伫立一侧，水池内置涌动的泉眼，演绎一处尊贵迎宾的雅境。门庭另一侧晶莹剔透的落地玻璃窗，实现了室内景观的外化呈现。光束通过玻璃镜面和水面的反射，形成一道穿梭的时光隧道，内景与外景相统一，时光与空间相糅合。

穿过景观长廊，格栅疏密排列，山之折线连绵起伏。潺潺流水、肆意增长的枝状艺术装置，透过自然光线，洒下一片斑驳树影，营造丛林深处的感觉。

在迂回的建筑构造里，通过空间将中国传统文化与墙体、水面和山石凝结成一种含蓄的动态关系。无论是泰山石、影壁，还是流水、飞瀑，均给人一种中式的意境和雅致的感觉。

● 中式格调软装分析

打造要点	打造细节	图片
植物造景	植物在新中式空间中扮演着相当重要的角色，能够充分发挥出人与自然和谐共生的本质特点。作为典型的中式元素，能够引导城市化的现代园林向自然气息回归	
传统建筑材料运用	在东方传统建筑中，瓦片是屋顶的必备用材。如今，青瓦的韵律更多的是作为一种设计元素，带有岁月沉淀的韵味	
木格栅的运用	木格栅是新中式空间构件的重要元素，相较于传统的屏风而言，更具透气效果。光线透过格栅，在光与影的变幻交错间，新中式的韵味缓缓涌现。当整个空间注入了一抹浓浓的木质气息，一个家的温馨气氛也就更为彰显	
古典园林元素	新中式造园的意境营造多从古人的诗词、山水画中提取。运用不同种类的材质模拟自然山水，并将其纳入室内设计之中，无论是山水画板还是山形雕塑，又或是其他主题元素，融入景墙后，都能营造出自然山水的意趣	

日式设计

日式风格概述

软装文化及运用

案例解析

第一节
日式风格概述

日式风格又称和风、和式，来源于中国的唐朝，日本人对禅宗的顶礼膜拜，就是深受中原文化的影响。日式简约以“禅”为核心，体现的是一种侘寂美学，这与日本的宗教文化密不可分。

日式风格直接受到和式建筑的影响，讲究空间的流动与分隔，空间总能让人静静地思考，禅意无穷。人文与自然是住宅设计不可或缺的部分，美观、便利、舒适的背后是文化与环境的完美结合。那些看似简单的设计，背后隐藏的是对细节的执着和重视，打造一个身心愉悦、安然沉稳的理想之境是最终目的。日式风格彰显了简约淡雅、朴素、节制、宁静的自然风格，营造出深邃禅意与闲适写意的生活境界。

一、日式家具

日式简约家具将自然界的材质大量运用于居室装修之中，偏重于选择原木以及竹、藤、棉、麻和其他天然材料，色彩淡雅。其家具相对传统，例如木格拉门、半透明樟子纸和榻榻米等都具有浓郁的日本民族文化特色，不浮夸、不张扬，流露出清爽的日式和风格调。大部分日式家具表面都很质朴、简约，并在表面涂以清漆。

家具小型化是日式家具的显著特征，很少看到大型家具的影子。茶几、电视柜甚至玄关口的鞋凳都可能做成低矮的样式，目的是为了让室内布局更加开阔。但日式家具的功能性却很强，如餐桌可以设计成折叠的、榻榻米设计成升降式的，小小的家具发挥着多重功能。日式风格的极简感，就是想让家具的存在感降低。另外，在家具的摆放方面，日式风格软装讲究家具摆放的秩序与规整，通过这种规整，来营造一种至简而上的效果。

日式低矮家具

二、日式装饰画

日本水墨画深受中国宋元时期水墨画的影响，却又情趣相异，独创了深藏禅机的日式水墨画风格，即融汇了日本“空寂”的艺术精神，追求一种恬淡之美，表现自然风景中的清新以及丰富的诗意。

在日本绘画中，最典型、知名度最高的首推浮世绘。浮世绘兴起于日本江户时代，主要描绘人们的日常生活和自然风景。其一经出世，就受到了广大市民的喜爱。

浮世绘起初的样式有两种流派：一种叫作“肉笔派”；另一种叫作“板稿派”。肉笔派也就是俗称的“手绘浮世绘”，是画家在绢、纸等材料上亲手绘制而成。这个画派的开始是带有装饰性的，常为华贵的建筑作壁画，装饰室内的屏风。其在绘画内容上带浓郁的本土气息，既有四季风景，也有各地名胜，尤其善于表现女性之美，具有很高的写实技巧。板稿派浮世绘是由画家直接在木板上作画，再经别人刻印而成，画工更精细一些，这便是今天的版画雏形。

浮世绘不仅是江户时代最有特色的绘画，它对西方现代美术的推进作用，还被认为是整个日本绘画的代名词。

月冈芳年《月百姿 月下美人纳凉图》

月冈芳年《月百姿 绣阁灯影月光寒》

日本画家雪舟的《四季山水图》

画家歌川广重的《太阳雨》

三、日式布艺

日本的布艺制品发展深深烙上了文化交流的印记，中国古代的东吴和日本有着频繁的商业往来，因而纺织品和服装的制作技艺也就被传到了日本。蓝印花布在近现代的日本非常流行，其中以麒麟纹和仙鹤纹最为突出。中国布艺制品及其所蕴含的文化对日本人的生活、经济以及文化等方面都产生了深远的影响。

（1）暖帘

很多日本老字号商铺至今会在门前悬挂暖帘，并随着季节变化更替不同纹样，正月的暖帘是“鹤”与“松”，初夏是“牡丹”，盛夏则是“牵牛花”。甚至有一年四季更换20多次不同纹样暖帘的旅馆，这不仅是对客人的尊敬，更是客人与主人对话的起点，比如“上一次来的时候还是夏天的牵牛呢，转眼已是冬天了，真是岁月流转啊”之类的。

在日式空间里，暖帘随处可见，像是与建筑融为了一体，以至于我们忽视了它。不仅在店铺，很多家庭也会用到暖帘，就如同中国古代的屏风，起到隔断和装饰的效果。餐馆用到的暖帘，类似于中国的“幌子”，但又有所区别。它不仅可以遮阳防尘、挡风避寒，还可以起到甄别餐厅类别的作用。一般来说，大而鲜艳的暖帘代表刚开业或是价格便宜的大型连锁餐厅，素洁雅致的传统暖帘表示这是一处高级场所，而老旧、破损的暖帘则暗示着店铺即将停业。一家店面的门面招牌都在暖帘的寓意之中了。

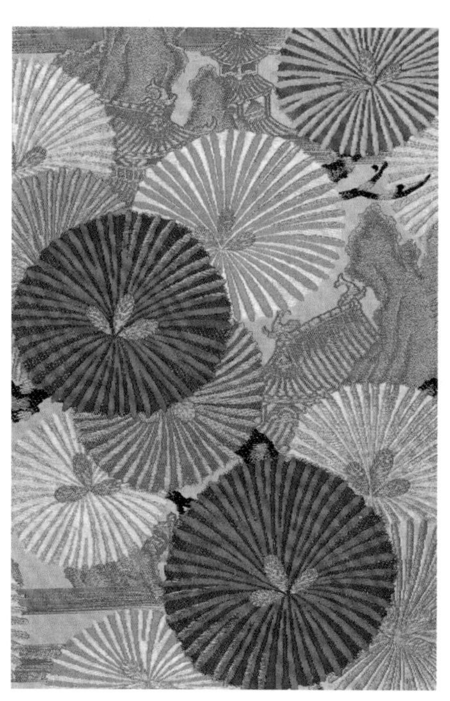

日式布纹

暖帘可以说是店铺风格的浓缩品，虽说是小小一枚，但颜色、材质、纹样都是主人精挑细选而成，诉说着店铺或朴素或华丽的传说。

现如今，暖帘早已超越了其原本挡风遮尘的初衷，更倾向于是对传统文化不抛弃、不放弃的传承精神。风味十足的暖帘现在已是日本的一大标志，也是一道特色风景，仿佛它就该在那里，缺了它，就不算日式风情。

（2）被炉（暖桌）

被炉又称暖桌，是一种起源于 14 世纪的取暖用具，用小桌子将热源遮起来，然后盖上棉被。自古以来，日本人习惯直接坐地板而不是椅子，使用被炉时，将脚伸入棉被中。这样，即使在寒冷的冬季，全身也会感到暖洋洋的，人们会不约而同聚集到被炉周围，享受团圆幸福。当然，也可以将被炉当成餐桌，围着吃火锅，享用美食和美酒。总之，被炉的舒适程度让人一旦坐进去，就再也无法自拔。它已经成为日本冬季常见的家庭式光景。

如今，越来越多的家庭住宅都安置了更为先进且便利的地暖或空调，被炉作为日本和式住宅的产物，其产量也在不断减少，因此多数时候只能在传统日式的旅馆或者饭店里见到了。

京都的一家杂货铺，暖帘上印有抽象的杂货符号

暖帘挂出来的时候表示营业，没有则表示休息

日本被炉

日本暖桌

（3）地毯

相比于欧式地毯还有中式地毯的样式多变、色彩华丽之外，日式地毯的显著特质就是简约。其颜色特别单一，一般就是灰色、棕色和木色了，不过这三种颜色都较有质感，非常素雅，对于各种类型的家装都比较百搭。

从材质上来说，日式地毯一般都选择棉麻或藤竹等天然材料编制而成，比较环保，有一种返璞归真的田园感，也容易凸显一种恬淡的生活态度。

正因为日式地毯的色彩和材质的特殊性，也让日式地毯的适配区域更加广泛，常规来说，客厅搭配比较常见，但也可以直接利用日式地毯打造一个休闲区，甚至某个休闲的茶座。

日式地毯

四、日式灯具

日式风格是一种非常温婉、自然、朴素的设计风格，既有日本女子的温柔之美，也有日本男子的阳刚之气。日式的灯具设计，简洁大方之中带着一些传统，不会有多余的图案或装饰，常常利用简单的线条和传统的图案去设计灯饰的核心部分。

日式灯具的主色调是白色和原木色，主张环保、自然的生活理念，虽然朴素至极，但却处处展露着气质与魅力。很多人喜欢日式灯具的那种恬静怡然，主要因素在于其光线柔和，且光线的布置多层次，主次清晰。它一般采用清晰的线条，使居室的布置优雅、清新，有较强的几何立体感。光效和灯饰之间的关系是耐人寻味的，一盏别致的灯饰能提升空间美感度，也营造了一种意境，用辅助灯光来渲染空间氛围。

日式灯具

五、日本装饰品

日式风格软装中的装饰品通常是质朴与装饰美的完美结合，手工业者用他们精湛的手艺制作出带有精致花纹却又非常素雅的器具，从而满足人们的装饰需求。柳条制品、木制品以及陶瓷制品，都是我们在日式风格软装中经常能够看到的饰物，设计师通过这些元素的组合，营造出一种素静、超然的氛围。

（1）日式漆器

日本最早的漆器可追溯至绳文时代，以江户时代的出品最为精美。木器常常被当成漆器装饰品，箱、架、餐具都被涂上一层黑色或红色的漆，最珍贵的物件还会镶嵌珍珠层，并用金粉和银粉提色。漆来自漆树的汁液，人们用颜料来对这种树脂进行加工，最后就形成一种光滑、闪亮的彩漆。

日本的现代漆器内容丰富，表现手法也有诸多创新，既有反映民族特点的元素，也有反映时代特点的简洁和流畅，同时还融入了不少写意、抽象等艺术技法。即使是表现富士山这样的传统内容，也加入了一些几何纹饰，更符合现代人的审美情趣。

（2）木片拼花

木片拼花工艺，是日本的一种传统工艺品。木片拼花运用木材的天然色泽拼成几何图案，并根据颜色来选择合适的木材，包括樱花木、漆木、日本莲香木等，成品有信匣、宝石匣、杯垫、托盘等。其中最为有名的就是密码箱，由于设有保密装置，要打开箱子，必须懂得开启方法。

日本漆器

茶盘

点心盒

首饰盒

秘密盒

（3）日式人偶

日式人偶是日本独特的民间艺术，已有几个世纪的历史。人偶的出现最初是用于祭祀和占卜，现已逐渐演变为鉴赏的工艺品，作为节日的供奉物，或是赠送友人的礼物及室内装饰品。

日本人偶题材广泛，由于产地不同，形成了风格各异的派系，不同派系所反映出来的面部五官、人物身份、服装发型等也都各不相同。日本人偶制作的工艺非常复杂，一般先用土或木等材料塑形，然后对头部精雕彩绘，最后再配以绚烂多彩的服饰和精美的道具。

（4）鲤鱼旗

日本挂鲤鱼旗的风俗始于江户时代，原是农历端午节的风俗，传说与中国“鲤鱼跳龙门”的故事有关。日本人认为鲤鱼是好运、力量和勇气的象征，为了祈祷上天照看好自己的孩子，于是立起鲤鱼旗以引起上天关注。

鲤鱼旗是用布或绸做成的空心鲤鱼，分为黑、红和青蓝三种颜色，黑代表父亲，红代表母亲，青蓝代表男孩，青蓝旗的个数则代表男孩的人数。不少公共场合也将鲤鱼旗作为装饰品成排悬挂。

（5）招财猫

在日本的料理店和一些店铺门口，常常可以看到各式各样的招财猫。招财猫是日本欢迎宾客、招揽幸运与财富的传统形象。招财猫在日语中的意思是“召唤猫”，通常在

日式人偶

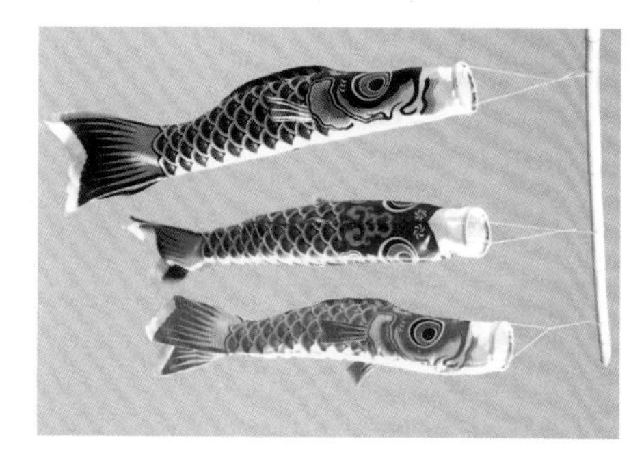

鲤鱼旗

招财猫

主通道附近的门边面门而立，举起左爪表示迎宾接客，举起右爪表示招财纳福。虽然在传统上关于招财猫是公猫还是母猫的问题存在争议，但它始终都被描绘成一个友好可亲的形象，它携带的卷轴包含着友善的信息——请进，欢迎光临！

招财猫的身体颜色分为好几种，粉色是希望恋爱顺利，红色代表身体健康，绿色希望金榜题名，金色则代表财运亨通，黄色是业务繁荣，黑色希冀辟邪保平安等。招财猫身上的图案主要有象征着财富的宝船图案，象征着理想和梦想的茄子、鹰和富士山图案，象征着长寿的龟鹤图案，象征着吉祥的松、竹、梅图案，象征着富贵的四季花卉图案等。

（6）风铃

风铃源自古代中国，原本是用来占卜吉凶的，大约在平安时代随佛教一同传入日本。当时，贵族社会将风铃视作辟邪之物，喜欢将其悬挂于房前屋后，既预测吉凶，也用于夏日驱逐暑气，有令人安神静心、神清气爽的功效。

日式风铃

六、日式色彩

（1） 纯白、米白与原木色

日式设计在色调上最大的特点就是以纯白或米白搭配原木色，给人清新文艺的家居氛围。日式的白墙经过调和，加入一点微微的暖色，就是我们所说的米白色了。简洁的配色再点缀不事雕琢的原木材质，还有粗陶工艺品，古朴典雅的空间气质顿时便跃然纸上了。

（2）黑红色

黑红色是日本相当具有代表性的配色，来源于平安时代引进中国唐朝的漆工艺。日本不仅用这种工艺做成各种器皿，也用来做武士盔甲、佛像等。但传统漆器有一个特点，就是只有黑色和红色，所以黑红色成为当时的流行色，传承多代，并成为日本历史上最具代表性的配色，使用频率极高。

黑、红、白色搭配

（3）蓝白色

如果说黑红色是日本人心目中的贵族色、神圣色，那么蓝白色就是日本最典型的百姓色了。和黑红色的原理很像，称为“草木染”的这种工艺始于新石器时代，虽然植物也能染出五彩缤纷的颜色，但是最普及的就是这种靛青蓝了。靛青蓝价格低廉，颜色鲜艳，保持时间长，结实耐用，一度成为平民和武士阶层的最爱。再加上日本四面临海，对大海的感情也加深了日本人民对这种蓝白配色的情有独钟。

（4）各种浅淡清爽的粉蓝、粉红和粉绿搭配

这种配色不是固定的，但是看见这一类小清新的颜色，就很容易让人联想到“日系”。这种感受和偏好来源于日本的自然风貌、清淡的饮食习惯与宗教习惯。

日本作为一个南北狭长的岛国，属典型的温带海洋气候，四季分明，由樱花、海洋、富士山、麦苗和庭院共同装扮出一个清爽的宜居世界。

浅淡色搭配

第二节 软装文化及运用

一、日本樱花文化

1. 文化特点

每个国家都有国花，它象征着一个国家的文化底蕴、民族精神，深受国人的尊敬与喜爱。人们在欣赏花的娇艳姿态时，也一同欣赏着花所蕴含的人格寓意和精神力量。

樱花作为日本的国花，是日本文化的图腾，与日本人民的生产、生活和感情紧密融合。日本有一民谚叫“樱花七日”，是说一朵樱花从开放到凋谢大约为 7 天，整棵樱树从开花到全谢为 16 天左右，边开边落，与佛教中的“生命之无常”颇有几分相似。日本是一个有较多自然灾害的国度，人们细腻多思的情感特征在“生命无常”之上融合了赞美、欣赏等美好情感。这种 “无常”，在日本人看来是在消极中进取，在变化中获得新生。

樱花竭尽全力与春天赴一年一度的短暂约会，即使凋谢，但只要盛开，就一定热烈灿烂，在有限的时间里为人们奉献一场震撼美景。所以，日本人民在欣赏绚烂樱花的同时，也被樱花短暂而唯美的盛开、毫无留恋的凋落深深打动。一株樱树纵使绽放得再盛、再繁，看起来也终究是单薄的，而一片花团锦簇的樱林，才会有“花吹雪”的盛况，日本文化和日本精神亦是如此。日本人推崇的是协调、合作，他们笃信集合的力量才是最强大的。樱花盛开象征着高雅、刚劲、清秀和质朴，从这个层面上来说，日本人之所以偏爱樱花，是因为樱花的集合美是日本文化和日本精神的象征。

樱花体现了日本文化中的自然观、处世观、道德观、审美观和实用主义思想，是一个动态、多元的文化符号。通过樱花，我们可以了解并借鉴日本文化中一些优秀的设计元素和内涵。今天，樱花不仅是日本人心灵上的花朵，而且也成为和平与友谊的象征。

樱花行道景观

樱花民居

2. 设计运用

樱花色彩艳丽，造型秀气灵动，在日式风格的图案里，是很重要的设计元素。

樱花元素作为最能体现日式风格的图案，被广泛用在现代家居设计中，从纺织布艺到壁纸，再到餐具、瓷器等，都能感受到樱花所营造的浪漫氛围。

（1）樱花粉色系色彩

三月万物复苏，也是樱花盛开的季节，摆脱了冬日的寒冷与沉闷，温暖、浅淡、像少女脸颊般的樱花粉便成为当下最流行的色彩。樱花粉色系让人醉倒在风中，那么把樱花粉搬进卧室又是怎样一种风情呢？樱花粉通常是少女心、浪漫的代名词，常常用来形容女性。其搭配时对度的把握尤为重要，多一分都会显得甜腻，而合理的搭配能让粉色跳出传统的认知，营造多样的家居氛围。

娇俏、平静的色彩营造平衡视感与平稳情绪，令整个空间维持在舒适和缓的情韵之中。在室内设计中，设计师一般都是小面积运用这种颜色，仅仅作为一种辅助色彩。一般会选用樱花粉来设计女儿房，仿佛就像是父母为小公主们打造的一个童话城堡，天真而又浪漫。

樱花色系窗帘

（2）樱花壁纸

“早春的京都，樱花轻盈飞舞”，这样的美景也可以壁纸的形式展现在室内的墙面，这是赋予空间情绪的魔法，甚至消弭了季节的界限，将关于春天的情景和气氛蔓延于所有维度的空间里。樱花枝干的张力让家居似乎都变得有活力了，无论什么季节，都能够感受到樱花飘落的美景。把喜欢的春光变成事物留在身边，是一件多么美好的事情。

（3）樱花元素工艺品

粲然花枝开，纯色入席来。把樱花粉搬上餐桌，把控好浅浅的粉色调，不管怎么组合，都可以很美。只是浅浅的一笔，就点缀出浓浓春意，营造温馨的家居氛围。松软的麻质餐垫有一种慵懒感，浅粉透明的玻璃器皿，如果遇到，不要错过。即使餐桌上没有粉色，一杯樱花粉的酒水饮品，也能瞬间令人春心荡漾。

（4）樱花图案布

传统日式以其清新自然、简洁的独特品位，形成了独特的家居风格。对于生活在都市中的人们来说，日式床品所营造的闲适、悠然自得的生活境界，也许就是人们所追求的一种回归自然的途径。樱花粉的床品毫不张扬，但却蕴含着丝丝甜蜜，细腻中透着舒适与温馨。其经久不衰的色系没有繁杂装饰，用色纺纱织成的面料具有朦胧立体、饱满柔和的质感，自然而有层次，色牢度高，不易褪色，对环境、人体都具有很高的环保亲和性。

樱花壁纸

樱花图案布艺

樱花装饰品

二、日本茶道文化

1. 文化特点

日本茶道是一门艺术，讲究人与草木之间一种天人合一的精神境界。用一句话说，茶道就是由茶衍生出来的茶文化。中国的茶文化注重品茶，在乎的是茶的味道和香气，享受的是茶的清新和淡雅，这与日本茶道所看重的精神世界是有些不同的。

盛唐时期，茶文化传入日本，当时日本的荣西禅师将茶叶带回国内，于是茶艺在日本得以进一步创新和发展，并衍生出茶道。然而，到了 16 世纪，茶道已附和上攀比之风，权贵之间参加茶会的目的是为了彰显高贵势力，茶具也成为他们争相斗艳的工具。这时，一个扭转了日本茶道轨迹的伟大人物出现了，他就是千利休，是日本茶道的鼻祖和集大成者。千利休不仅在茶道精神上做文章，对于茶道仪式和茶室的改进方面，也处处体现出茶道的精神理念。其秉行的“和”“敬”“清”“寂”理念一直延续至今，并影响着现代茶道的发展。

（1）抹茶道

抹茶道诞生于 400 多年前，和我国的宋元文化有着紧密的联系。在我国宋元时期，民间流行点茶法，点茶的意思就是把茶叶磨成粉末，然后用开水冲泡，再用茶漏搅拌至打沫。后来，这种吃茶方法流传到了日本，成为日本茶道内容的主要形式。抹茶道体现出茶道的仪式魅力，虽流程烦琐却不失仪式感。

（2）煎茶道

煎茶道使用的是茶叶，将茶叶烘干后直接用开水冲泡，方法简单易操作。煎茶道多见于中国茶文化，明清时期的品茶方式，突出表现在文人雅士对饮茶艺术性的追求上。这种煎茶法，是基于散茶的兴起。

日本煎茶道其实指的就是绿茶，其盛茶的茶壶很有讲究，叫“急须”。急须的手柄根据位置不同，分为后手（弯把）、横手（侧把）和上手（提梁把）。其形状小巧玲珑，倒茶时扣在指上浅斟慢酌，方能品出茶中的甘味和涩味。如此慢工细活的道具，却偏要叫它“急须”，也算是一种黑色幽默了。

抹茶

抹茶道

煎茶道不像抹茶道那么繁复华美，它尊重美，却以简洁为美，提倡“和敬清闲”（即和谐、尊敬、公平、诚信）的思想境界，特别注重饮茶时肉体与精神的舒展，使之渐臻无我之境，讲究的是一种“慢适生活”。

2. 设计运用

（1）茶具

茶一直是日本精神世界的最佳反映，人们很难摆脱它。设计从来都不是一件完全纯粹的事情，特别是以人为本的空间设计。日本茶具颠覆传统思维模式，凝聚了建筑师的灵感和理念，克服生产与技术关卡，将杯碟的基础功能与造型的独特性融合在一起，创造出可以把玩的大师之作。凝聚了创意与挑战的杰出作品将在未来掀起追捧热潮，引领独特的“家居”理念。

日式茶具如同是桌上建筑，带你进入日本茶道的世界，不论是喝茶时独特的使用方法，还是前所未见的设计造型，都反映出各个建筑家的创新思维，彰显名家风格。

茶具，其实就是以茶文化为介质设计出来的工艺装饰品。丹麦著名银器品牌乔治杰生（Georg Jensen）近年积极打造Collectible、Luxury Design 的形象，昔日经典作品不但在拍卖会上频频亮相，也密切与当代热门设计师合作，创造并推进银器工艺的新设计。继之前与马克·纽森（Marc Newson）、已故建筑设计师扎哈·哈迪德（Zaha Hadid）合作之后，最新就是与日本建筑大师隈研吾（Kengo Kuma）合作打造了一套纯银制品的日式茶具套装。

日本建筑大师隈研吾以“负建筑”理念而享负盛名，这也是他首次接触“银”这种柔软多变的物料。此套茶具在日文中意为“草”，草的意象幻化为网格状的银线，仿若在草原上随风交错的芦苇。虽是为传统茶道而设的工具，组件也是足够传统，包括手造竹制茶筅，但隈研吾对银的创作处理，则突显出现代感及他向来对自然物料的敏感度。银器表面采用的是双层设计，内层的光泽由外层氧化后的纯银折射而出，非常独特。

（2）茶室

在日本，茶室是如同庙宇一般的圣殿，但是茶室的外观可以说是其貌不扬。其建造所选用的建材，刻意营造出简朴的效果，寓意在简朴的外表下深藏着高贵，这也是当代日本设计所追求的境界。日本建筑非常注重

Kusa 茶道组件背面均刻有自 1930 年沿用至今的品牌银成分标志、设计师签名、年份编号、茶道组合编号等

自然材料的使用，强调展现材料本身的特质，比如保留木材的原色、清水混凝土的水泥色等，从侧面反映出日本人对大自然灵性的探讨，以及对自然之美的追求。正如设计大师隈研吾所说的“用建筑材料营造朴素，还原空间的本质，让置身其中的人感觉舒适，这就是赋予了空间一种奢华感”。

日本设计传承于我们，又根据地域环境、生活习惯、人文风俗发展出自己独有的设计价值体系，同时兼蓄西方现代主义设计思想，在世界上独树一帜，涌现出了一批世界级的设计大师。茶室对日本当代建筑和室内设计影响深远，可以说，看懂了日本茶室，就读懂了日本设计。

庭院是构成茶室最基本的元素之一。对意境的极致追求，由茶室提炼出来的这种日本建筑精神也体现在庭园上。观赏日本庭院不能大而化之，应从细节之处开始欣赏。日本茶庭的设计精细到什么地方栽种灌木，什么地方必须有什么形状的石块，在石头路的分岔应该怎么排列石块等都有规定，石灯笼的制式、洗手钵的位置都有迹可寻。

茶室的外观和内部构造都力求表现不对称美，这种审美观亦是带有一定的禅宗色彩的。由于禅宗倡导“寂灭无为”的生活哲理，茶室自然也以素雅为主，追求自然天成。

茶室，一个可以静心品茶的地方。朴素的茶室空间，追求的不仅是一种原始的茶味，更是一种简单的生活态度。设计茶室时，注重意境和氛围的营造，这对于茶空间来说非常重要。很多热爱喝茶的茶人，除了注重茶水本身的体验之外，也很注重茶空间的氛围。

现代茶室的设计需要有平静身心的简约与韵律感，茶室通常为直线型结构，这与日本传统的町屋连体建筑是相适应的。将茶室中的主导元素用其利落的线条展现出来，并搭配榻榻米长椅、嵌入式的坐具、茶道室以及中心庭院等，享受生命最本真的恬静乐趣。

在日本，茶道是非常仪式化的过程，每一步骤都十分讲究，因而茶室设计的精细程度也毋庸置疑，一如茶道本身。茶室不仅保留在爱好茶道的家庭中，也成为一种商业模式出现在大街小巷。营业型的茶室，顾客可以选择不同座椅的排列方式和地点来享受品茶时光。每种座椅的排列方式都包含着赏心悦目、线条清晰的对称性，让整个空间更加放松舒适。可以说，现代的日式茶馆依旧以传统茶室的风格为基础，运用简单而含蓄的建筑形式，满足精神上的需求。室内外通过借景、对景的方式使茶室与自然融为一体，其简朴的设置、自然的氛围、淡雅的气氛、柔和的阳光，使人流连忘返。

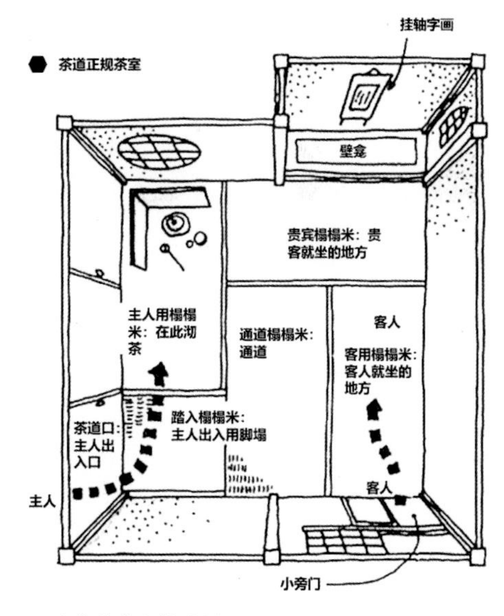

日本传统茶室构造图

现代茶室

简洁茶室

黑茶室

三、日式花道文化

1. 文化特点

所谓花道，就是截取树木和花草的枝、叶、花朵，艺术地插入花瓶等花器中的方法和技术，从而达到训练技艺、修养精神的目的。它和歌道、书道、武道、茶道一样，是日本自古以来传统文化的技艺之一。日本地处温带，季风气候明显，由于四面临海，具有海洋性气候特征。这种优越的自然环境，培育了日本人独特的审美意识，也深深影响了日本人对大自然及人生的看法。日本人认为花道是各个时代人与大自然的对话，是他们人生观的反映。

花道并非植物或花形本身，而是一种表达情感的创造。因此，任何植物、任何容器都可用来插花。插花通过线条、颜色、形态和质感的和谐统一来追求“静、雅、美、真、和”的意境。可见，花道首先有一种道意，逐步培养插花者的身心和谐、有礼；其次，花道是一门综合艺术，它运用园艺、美术、雕塑、文字等人文艺术手段；再次，花道还是一种技艺，可用来服务家庭和社会；最后，花道是一种易于为大众接受的、深入浅出的文化活动。

在日本，花道艺术已经成为许多普通人日常生活中不可分割的一部分，各种花艺造型装点着人们的家庭生活。在一些特殊的时刻和节日中，人们采用某些特殊材料表达出美好的愿望，如新年期间，代表永恒的长青松尤其受到插花者的欢迎，并且通常和竹子搭配使用，表达了人们青春常驻的美好祝愿；杏花则适合赠与尊敬的老人；三月三日，为

日式插花

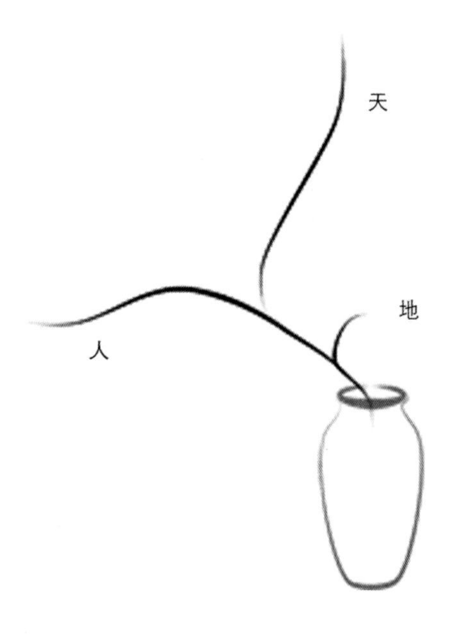

日本花道的基本是表现天、地、人三大要素

日本传统的偶人节（也称女孩节），人们常把桃花和传统的木偶搭配在一起展示，表示内心的祝福；九月，集会赏月时，用南美洲草来做花材，代表着萧瑟的秋天来临。

日本花道使用的材料很广，包括树枝、葡萄藤、草、水果、种子和花等。事实上，任何自然物质都可以被使用，甚至玻璃、金属和塑料。花材一般分为两大类：一类是木本花和枝；另一类是草本花和枝。日本的花道不仅传承了东方式插花的特点，而且还融入了茶道的精神，注重自然情趣，着力表现花材自然的形态美、自然美，即使修剪也不显露人工痕迹。构图的造型既有形式又不拘于形式，以顺乎花枝自然之势以及合乎自然之理为原则。在保留花材原有自然形态之下，灵活插制，达到“虽由人作，宛如天成”的境界，一切以自然为美、朴实为美，毫不造作。

显然，插花已经成为一种高尚的精神享受，融入了人们的生活。在一些茶室中，只需插上一枝白梅或一轮向日葵等简单的花草就能营造出雅致、返璞归真的氛围。另外，插花的优劣还取决于花的形态和不同花材所代表的寓意，如蔷薇象征美丽与纯洁，百合代表圣洁与纯真，梅花寓意高洁与坚毅，荷花则出污泥而不染。花道作为日本的传统特色文化之一，是日本人民智慧的结晶，它不仅是一种技艺，同时也可以陶冶情操、修炼精神，从中反映出日本人的自然观、审美观和伦理道德观念。日本花道源远流长，作为文化载体之一，延续至今，有着自己独特的魅力和生命力。它蕴含哲理，处处体现自然之美，除了展现艺术的美感之外，更多表现出了一个民族的创新、进取、精益求精和自我完善的精神，给予我们启迪和深思。

2. 设计运用

花道作为日本的一种传统艺术，形成了自己特有的象征语言和装饰概念，用自然、具有生命力的花材使时间维度定格在一个特定的空间内，为室内营造一种雅致、禅意的氛围。

将花艺作为空间陈设是常见的一种布置方法，主要利用其独特的形、色等魅力来吸引视线，一般摆放在居室中央。室内花艺除了有常见的落地摆设之外，也可以与家具、陈设、灯具等物品相结合，形成相互呼应的搭配层次，边角点缀的布置方法则拥有更多选择性。

花艺在空间内还有另一个作用，可以通过其独特的形、色、质，将它们组成纯天然的背景，这类布置方法多用于阳台等室外空间，不仅能净化空气，还能彰显自然生机，比如垂直布置或悬吊布置等。在现代设计中，花艺一直是许多设计师喜爱的饰物，除了能为空间增添生命力之外，还能使环境变得温馨自然。它们不但能柔化空间中金属、玻璃等硬质材料的线条，还能让家居与室内陈设巧妙地联系起来，起到二次规划、填充空间空缺等效果。若是用它们来分隔空间，可让各空间在独立中巧妙呼应，达到一种似隔非隔的半透明效果。花艺陈设能凸显出设计师对空间软装的掌控力，达到以景抒情、改变靠硬装或其他方式堆叠产生的氛围效果。

花的存在成为空间最精彩的点缀

（1）玄关花艺

相对于其他空间，玄关相对狭小，太复杂的设计反而会让焦点模糊。由于空间的局限，玄关花材的重点在于主题，不是越多越好，有时一盆简单的插花反而更能呈现质感，让人一进门便能感受到明亮的氛围和自然清新。

（2）客厅花艺

客厅是居住空间中装饰的重要区域，在进行花艺布置时，切勿选择太过复杂的装饰，应选用持久性高一些的花材进行搭配。客厅作为公共区域，也是最能彰显主人风格的地方，所以花艺及花器的结合也是展现个性和品位的场所。

日本花道注重禅宗的审美理念，插花艺术不追求植物的华丽，也不注重器皿的名贵，不以美炫人，表达出纯洁和简朴。豪华、奢侈的花材是不适宜在日式花艺当中出现的。

（3）餐厅花艺

日式风格餐厅装修，注重整洁大方。原木色餐桌是日式风格餐厅中必不可少的选择，餐具一般是瓷制的，与西式餐具相比显得格外简约。闲适写意、悠然自得是日式家居一贯的追求，它最重要的就是要凸显一种简洁淡雅的品位。

在餐桌放置一些鲜花，想必用餐的心情也会格外舒畅，用餐环境也变得别样精致起来。和客厅相比，餐厅的花艺布置凝聚力更强。可将单朵或多朵花材插在同样的花瓶中，多组延伸，形成组合型效果，并根据花卉数量的多寡，对花瓶进行弹性的增减。因为容器本身就具有造型，所以不用太多的技巧，只需注意花材色泽和食器材质的搭配即可。

客厅花艺

餐厅花艺

（4）卧室花艺

受“无即是有，多即是一，一即是多”禅宗审美意识影响，日式花艺喜用物质上的“少”去寻求精神上的“多”，表现出平淡、含蓄、单纯和空灵之美。一般采用清晰的线条，造型清新脱俗，有较强的立体感。

卧室里的花艺，应选择让人感觉质地温馨的花材种类，花的数量不宜太多，窗边的一小瓶花，或是从空气中传来淡淡的自然香氛，在不经意交错的时刻，让人感到分外温馨。

（5）书房花艺

传统的日式风格是富有禅意的自然空间，讲究宁静致远的精神境界，一般配备大面积的玻璃窗和低矮的家具，家居环境清爽明亮。对用品的陈设极为讲究，一切都清清爽爽地摆在那里，营造出闲适自然的生活氛围，这也是现代都市人所推崇的生活。

书房作为学习和研究的场所，需要幽雅清静的环境气氛。为适应这种环境特点，宜陈设别致、花枝清疏、小巧玲珑且不占空间的小型插花。花材应以色彩淡雅、充满野趣、具有清新感的植物材料为主。

（6）茶室花艺

茶室里重要的家具是榻榻米，它是日式风格中的典型代表，一般用蔺草编织而成，一年四季都铺在地上，可供人或坐或卧。此外，拉门和隔扇用来分隔空间，既保证隐私又柔和渗透光线，被广泛应用。

既然是茶室，茶台和茶器也不容忽视，如果再加上一件和茶道相契合的插花，会让饮茶变得更加雅致。茶席中的插花与一般的花艺不同，讲究的是素、雅、简和与茶席的和谐。其作品强调自然美、线条美和意境美的结合，讲究虚实相宜、疏密有致、上散下聚等审美原则。看一件意境深邃的插花作品，就如同品一壶层次丰富的普洱茶，香气与回甘往复交替，令人回味无穷。茶室的花艺一般以韵取胜，通过不同花材、花器和意境的组合，实现插花的造韵功能。

卧室花艺

书房花艺

茶室花艺

四、枯山水文化

1. 文化特点

庭院是人类对自然的诠释，这种艺术形式往往蕴含了设计师的非凡巧思，它无需纸笔却能无时无刻与心灵产生对话，日本的枯山水便是这种诠释的杰出代表。

枯山水又称假山水（镰仓时代又称干山水或干泉水），是为适应地理条件而建造的微缩式园林景观，多见于小巧、静谧、深邃的禅宗寺院，堪称日本古典园林的精华。僧侣们热衷运用简单的建材、简练的技术手段来营造禅寺园林，以此表现广阔的自然界和空灵的禅宗思想，让人们通过观赏、静坐和内省，对宗教有更深的感悟和体验。禅宗美学对日式园林的影响非常深远，几乎各种类型都有所体现，无论是动观园林还是枯山水、茶庭等坐观庭园，都或多或少地反映了禅宗美学“枯”与“寂”的意境。

顾名思义，枯山水中并没有水，只是干枯的庭园山水景观，一些枯山水甚至排除了草木。虽然其来自水庭，但却与水庭有所不同。枯山水用石块象征山峦，用白沙象征湖海，用线条表示水纹，犹如一幅留白的山水画卷。无山而喻山，无水而喻水，石与沙相依，一沙一世界。这种制作手法，真实反映了日本人对自然的敬畏以及尊重。

由于园林建设中用到的材料比较单纯，造景只供人们在屋内欣赏，因此尺度有限，很多非常有名的枯山水庭园也不过百余平方米而已。从设计上来看，枯山水体现的是从自然中截取的相应片段，然后将其凝固，从而获得不变的永恒，这与禅宗追求的顿悟和永恒是一致的。枯山水在某种程度上有效地唤起了人性最深处的禅心，渴望达到最本真、

日本枯山水庭园代表——京都南禅寺大方丈庭园

永恒的宁静。

枯山水之所以能在日本得到发展，离不开日本地理和人文条件的影响。从地理角度来看，日本是个岛屿国家，这就养成了日本人天生忧患的意识。他们在思想上既倡导苛刻、严厉的自我约束，又极力向外界寻求解决方案，甚至形成“菊与刀”的特殊人性模式，这一点恰好与佛教禅宗倡导的“生命的超越，精神的自由” 理念不谋而合。因此，在一花一世界的枯山水园林里，观赏者看到的是“看山不是山，看水不是水”的自我幻象，是寻找自我解脱的法典。

2. 设计运用

随着居住环境的不断提升，人们对自然景观的热爱与依恋变得愈来愈强烈。将景观引入室内设计之中，意境成为人们对自然难以割舍的一种情愫表现。通过对日本枯山水的精髓提炼，创造出符合现代要求的室内环境设计，将室内环境与自然景观相互融合，是人类实现理想化居住环境的一种有效手段。

（1）室内园林

受空间的局限性制约，在室内狭小地带以枯山水手法进行景观设计时，要围绕日本园林小巧而精致的特点来展开，一地沙砾、几尊石组就是一方净土的诠释。若需要点缀某个墙角，可内附白砂、砾石为水，缀以小木为林，又或者在室内走廊、阳台空地上用素雅的鹅卵石开辟出似海似水的景致，不仅丰富了地面铺装的方式，也可愉悦都市人繁忙的身心。

（2）墙面设计

日式枯山水，不论使用何种造园手法，所传递出来的信息都离不开“禅”意。

墙，作为家中重要的一部分，发挥的功能不可小觑，而拥有一面灵动的墙体对于打造个性的室内空间来说也同样至关重要。从最早的乳胶漆到之后的壁纸，人们总是希望让这层家的“外衣”带来更多灵动，如能再借以灯光映衬，效果比起雪白的乳胶墙面或花纹精致的墙纸更加令人舒适，临山傍水的诗情画意也更加贴近自然的人文气息。

枯山水从庭园引进了室内墙面

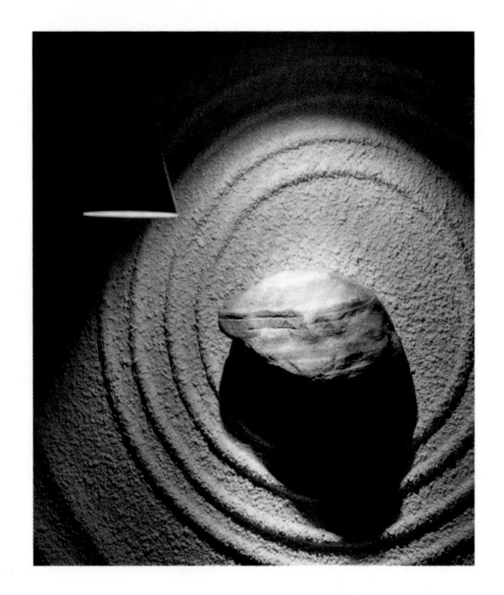

一个静谧而不被打扰的世界，是繁忙嘈杂的都市人所追求的。居住空间作为人们休养生息最重要的空间，在实现设计合理化、提高使用率的同时，能够做到愉悦身心、陶冶情操，是室内设计者的最终目的。一地平静细白的砂石上点缀些许石块与苔藓，周边环绕着如同旋涡般漾开的涟漪，静谧中感受慑人的力量。作为经典的东方美学线条，将枯山水元素陈列于墙面，手感质朴中感受到惊人的线条张力，也从中定义出空间设计的表情。

（3）极简禅意家具

日本设计之所以能在世界流行，并成为一种时尚，主要是因为其独特的文化内涵。其最具代表性的就是枯山水与禅宗相互影响的极简主义，设计理念多采用纯粹、简单的图形样式，舍弃多余的装饰，表现出东方禅学所推崇的意境——空寂。

形式简约的日本设计，纯粹是它的最大特征，任何与核心功能无关的要素都不会纳入方案之中。它拒绝使用浮夸的色彩和繁复的造型，但也不限于基本形式和配色的传统法则。尽管极简主义允许使用的形式更为丰富，但程度的把控依然受到严格的限制。

极简的禅意家具特别注重“留白”，这在日式生活空间中表现得尤为透彻。家具多为单色，主要以黑色和白色为代表，而灰色、银色、米黄色等原色和无印花、无图腾的纯色材质带来另一种低调的宁静感，沉稳而内敛。极简家具的另一个明显特征就是线条简洁，富含有设计或哲学意味，但绝不夸张。

（4）禅意微景观

枯山水，是日本为了适应地理条件而营造的微缩型庭院景观，由白沙、细石组成，以此体现出静谧、深邃的意境。如想把这份宁静做成桌面小景，放在房间里或书桌上，拿起小耙犁，自己动手制造属于自己的枯山水，方便我们从繁忙的工作和生活中驻足欣赏，也算是享受难得的一方清静。

极简禅意的沙发组合

意境石景

五、日式收纳美学文化

1. 文化特点

日本由于其岛国的特性衍生了特有的住宅文化，他们必须考虑在狭小、拥挤的生存空间里合理地利用空间，归置大量物品，因此也衍生出最独特的收纳文化。

收纳文化是经过岁月的积累，在日本人的日常生活中孕育而生的。它不是仅仅代表整理，而是和人的意识以及精神活动紧密联系，既是人类的一种生活技能，同时也是一种生活艺术。

日本的收纳以及对空间的巧妙利用让人惊叹，吸引着全世界人们的目光，给人们留下深刻的印象。从严格的垃圾分类到室内空间的有效利用，在各个生活领域中，日本人都让人看到了其令人惊叹的智慧。

为此，日本诞生了为数众多的收纳专家，以及介绍各式收纳技巧的书籍、杂志，丰富程度几乎可以成立一门“收纳学”。收纳文化已在全世界散播开来，在我国和一些欧美国家与地区，正呈现出一种如火如荼的态势。学会如何整理、利用居住空间已经成为不少人具备的家居技能。仅仅把收纳理解为一种生活艺术是不够的，这样有些模糊收纳所遮蔽的空间权力和消费主义文化，或许正是这两者，才是促使收纳流行的原动力。

“断舍离”是近年特别流行的一种生活方式，主要通过减少不必要的东西，让生活和人生达到一种和谐共生。它来源于瑜伽的“断行”“舍行”和“离行”，是一种思维方式，也是一种处世态度。通过断开日常生活中一些不必要的东西，从对物品的迷恋中解放出来，帮助人们获得轻松愉快的人生。断舍离是对日本传统观念的一种颠覆，也是一种崭新的收纳整理理念。

日本街头分类详细的垃圾桶

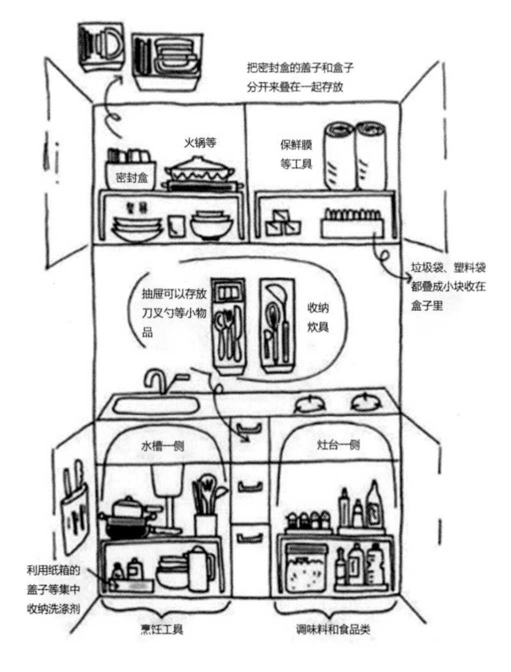

厨房收纳

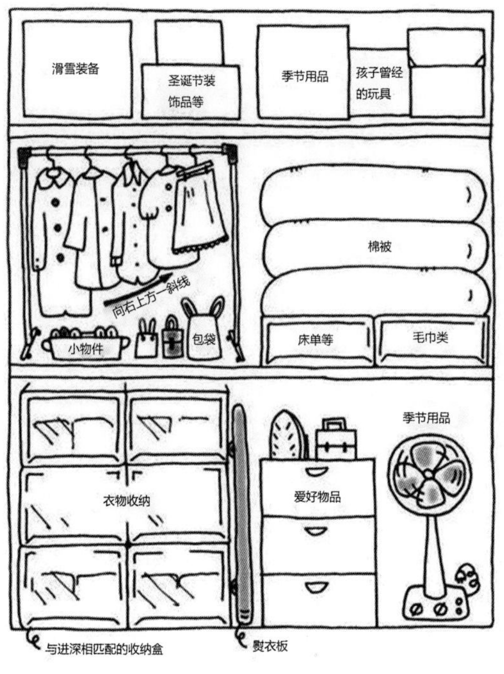

壁橱收纳

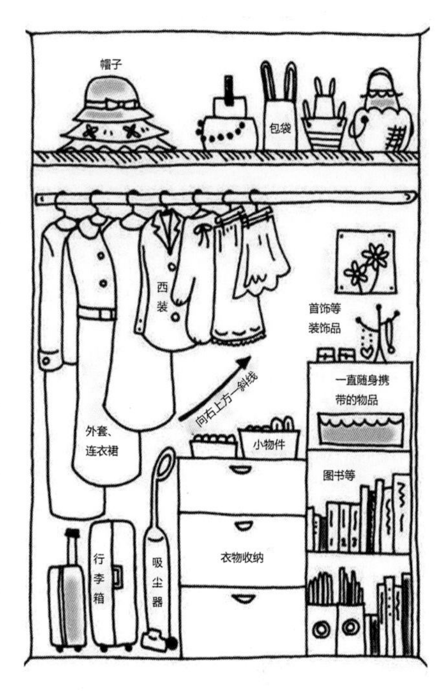

衣柜收纳

2. 设计运用

日本的室内空间设计，通过良好的收纳整理和动线布局，实现最大效能利用，充分体现“物尽其用、规模适当”的空间特质。通过细节上的努力，自然可以很好地理解日本住宅的“小空间大使用”，同时充分展现日式收纳文化的精髓。

随着收纳成为人们生活方式和社会文化的一部分，各种收纳工具被设计出来就一点也不意外了。而对于这些工具的使用，又衍生了更加精细的收纳之术。从人文意义上来说，收纳的源头来自择物观念，慎重地选择、认真地对待拥有、合理收纳，简单生活的表象下并不失去精致和体面，在现代社会里争取更多居住空间的权力，这应该算是收纳文化对日本社会的一种积极影响。

（1）玄关收纳

玄关作为连接室内与室外的过渡空间，承担了一个家庭主要的收纳任务。通常来说，一个家庭的生活风格是整洁还是凌乱，看玄关就能略知一二。对于不太擅长整理的人们来说，玄关很有可能就是家里最乱的地方。

进门换鞋是最基本的生活习惯，通常在玄关位置会设置入墙式一体玄关柜，满足鞋子等物件的收纳。如果玄关柜里只预留了装鞋子的格子，那么很多空间就可能被浪费，因此应该考虑多种收纳功能的布局，例如衣物收纳和杂物收纳等。鞋柜的空间设置要注重细节，应该根据鞋子的长度设计鞋柜的宽度，以免造成不必要的空间浪费。

再厉害的收纳达人，都不能保证每件物品在外观上令人愉悦。只要柜门一关，眼前就可以清爽、整洁。日式玄关有个显著的优点，进门处抬高的地板是个自然的分割线，将玄关区域独立开来，既隔绝了鞋底尘土对室内的污染，也可以将之作为换鞋凳使用。将玄关柜的下半部分留出空位设置换鞋凳也是一种不错的方法，收纳筐可采用跟家居鞋呼应的材质。亚麻和草编就是一对好搭档，具有天然材质的魔力，任何时候看到都会让人觉得舒适放松。

（2）客厅收纳

客厅是一家人待在一起时间最多的地方，除了沙发、茶几、地毯、餐桌等必需品外，放置的其他东西越少越好。客厅最常用的收纳方式就是利用电视柜的空间，多功能电视柜不仅具有收纳功能，还具备展示功能，许多家庭都会选择用多功能电视柜增加收纳空间。

通常情况下，沙发都是靠墙摆放的，但若将沙发前移 10cm，就可以留出空间放置收纳柜，什么小孩子的玩具、书籍等通通都可以收进柜里。柜子的造型最好简洁大方，因为简单实用的设计容量大，还能节省空间。一般柜子的颜色宜低调，否则会破坏空间的气场和氛围，造成喧宾夺主的效果。

想要打造一个极简的客厅，必须把“断舍离”的生活态度融于空间设计的理念之中。电视墙也可以变身为可供储物的收纳柜，用柜门藏起来，然后大量采用与墙面相同的白色系，在造型和功能上蔓延出淡淡的日式休闲风。推拉式的格栅门兼顾了收纳需求与空间弹性，达到美感与实用的平衡。这些看似简单的设计，其实都隐含了对品质生活的需求，它在一定程度上实现了收纳的强大功能，同时也使空白的墙面得以释放。

（3）餐厅收纳

餐边柜除了营造用餐的氛围，最大的意义应是它所具备的强大收纳功能。用餐时，餐边柜的台面适合展示和调制酒水，其内部封闭的隔层则可以将常用的小型电器、餐具等陈列其中。餐边柜其实还可以作为上菜的中转站，缓冲厨房的压力。

如果将杂物随意摆放在餐桌上，会让人感觉杂乱无章，所以有些家庭会在餐厅添置具有收纳功能的储物柜，用来放置碗、碟、筷子和酒类，以及临时存放菜肴使用。收纳柜一般会分区域设置，开放区（没有柜门）可以存放酒类、酒杯等装饰品，非开放区存放其他使用频率较低的物品，避免杂乱。收

入墙式一体玄关柜

客厅电视墙收纳

纳柜的使用需要考虑操作顺序和物品的使用频度，最常用的物品尽量规划在靠近手边的位置，偶尔使用的物品放在下层，几乎不用的则放在上层。

把餐边柜当作备餐台，简单烹饪的食物可以在这里制作完毕，但要注意桌面材质是否便于清洁。对于电烤箱、电饭煲之类的小家电，常常要使用插座，所以整个柜架应该放置在靠近插座的地方，方便使用。餐厅的收纳柜上还可以添置一些尺寸合适的收纳盒，分类存放。这些统一的收纳工具会令房间整体的效果更好一些。

餐边柜的设计可以从实际出发，根据个人的使用习惯和喜好来打造，提高实用性和便捷性，而尺寸则需要考虑整个餐厅面积的大小。收纳柜的间隔、格局最好不要过于限制，内部空间要设计得比较开放，充分考虑可能会放置的物品尺寸（比如豆浆机、饮料等），不同大小的物品都要能容纳进去。

（4）厨房收纳

厨房收纳是个重头戏，虽然只有几平方米，但它却是家中最重要、最易混乱的地方。只有干净整洁的厨房，才会有好心情来料理美食。盘子、碟子的摆放，简单的分类是必要的，能放进碗柜中的就整齐地码进去，若橱柜较小，则可以利用一两件辅助收纳工具。对于面积有限的厨房，上墙收纳是较省空间的选择，可按需归类，一目了然。

所有的物品按照使用频率自上而下摆放，常用的餐具放在中间，以便随时拿取，使用频率较低的清洁用具和厨房小物件可以放在隐藏的抽拉篮里。常用的、高颜值的厨具，在摆放的时候需要注意等间距摆放，可让它们看起来更整齐。

厨房收纳要善用竹篮或竹筐，比如洋葱和大蒜这类不需要冷冻的食材，可以放进透气的竹筐里，既美观也便于取用。此外，还可充分利用各种收纳抽屉，分门别类把东西归置在一起，就是典型的“化零为整”。

如果厨具形状和色彩多样，难于整理，请直接把它们隐藏起来，尽量达到“台面无物”的视觉效果。看着干净清爽的厨房，瞬间会有种被治愈的感觉。至于厨房中那些零碎的小东西，调味料的包装五花八门，很容易给人留下凌乱的印象，使用统一的容器进行保管储存，视觉上会使人感到舒服很多。

餐边矮柜

厨房收纳

（5）书房收纳

在居室内设计一间独立的书房，不仅能提升人文质感，而且也能为家人提供阅读、工作和休憩的安静场所。只要合理规划好书房的收纳，就能让空间的使用效率大幅提升。

书桌和书柜是书房里不可或缺的元素。桌面一般不大，但零碎东西却不少，这时可以充分利用收纳工具，如专业收纳学习工具的文具盒、笔筒组合等，让桌面预留出更多的活动空间。书柜除了可以放置书籍外，更能作为展示柜及收纳柜使用，并且能够藏拙于巧。

随着人们阅读量的提升，小巧的书桌、书柜已经不能满足庞大书籍的搁置，而利用靠墙空间来安置书架，让书籍摆放整齐有致，可以充分体验学习的乐趣，再在书架旁种植一些绿植，更是形成一道美丽的风景线。

嵌入墙面式收纳柜也是一种不错的选择，它具备强大的的收纳空间，拥有独立书房的家庭，不妨在新家装修前尽量在空间允许的范围内做好规划，既能收纳更多藏书，又是一面别致的背景墙，一眼望去整洁又干净。

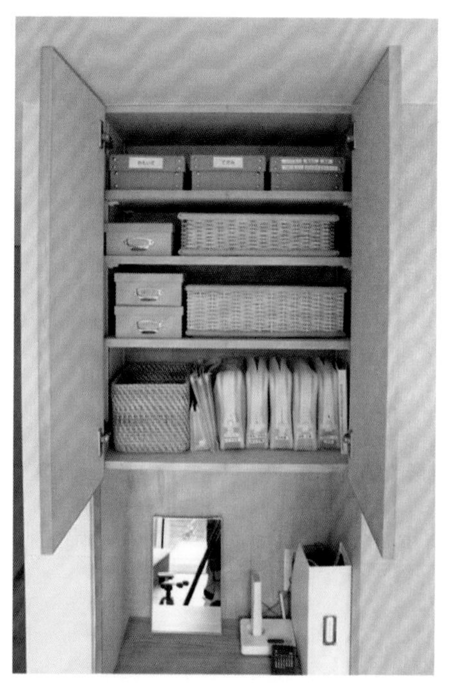

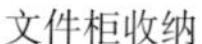

文件柜收纳

（6）卧室收纳

卧室收纳的重中之重就是衣物收纳，家庭里每位成员的衣服不要混放，最好各自都有一片区域，自己的衣物一目了然，穿搭起来也就方便很多。

换季衣服或被子可用真空收纳袋存放在柜子里。除了内衣、袜子之外，其他衣服建议悬挂放置比较好。当季常穿的衣服，根据款式和颜色有序摆放，如果是悬挂收纳，那就按照衣服长短排列，这样会让衣柜看起来更为清爽。

入墙式大衣柜贴合墙壁，对空间的利用率比较高，而且入墙到顶的设计减少了灰尘的烦恼。相对而言，入墙式大衣柜比起成品柜能够容纳更多衣物。

想要使空间发挥到极致，使用前就要仔细分析衣柜内的收纳空间，充分思考“该放在哪里，属于谁的，该如何收纳最方便”之后，再决定空间的分配方式。床作为卧室里绝对的主角，同时也兼顾收纳的功能，床箱底部和床背板的收纳空间都能够将空间细节运用起来。

（7）榻榻米收纳

榻榻米由蔺草编织而成，是一种在木质结构上铺设的坐卧家具，在传统日式家居中，起着重要的会客、茶歇、跪坐和躺卧功能。尽管西式住宅当下在日本越来越普及，但榻榻米仍然是日式居住空间的核心元素。

对于追逐生活品质的人士来说，空间利

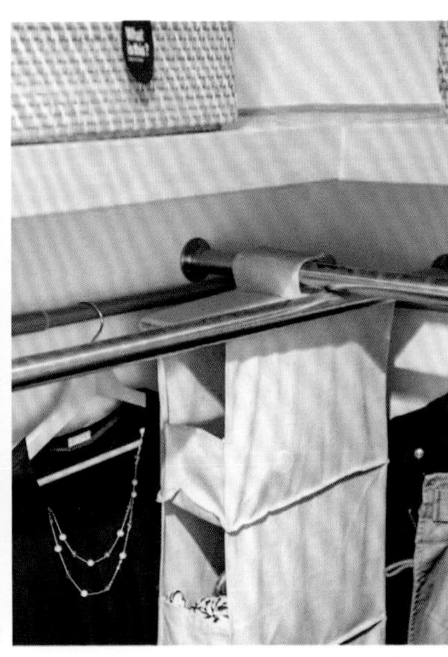

卧室衣物收纳

用的概念应该是视觉、功能的全面拓展。榻榻米打破了垂直空间收纳的惯例，在水平地面发挥出超强的收纳能力，绝对是空间拓展的绝佳利器。以榻榻米为基础，通过精巧的构思、颠覆的设计，赋予一方空间美化和使用等多种功能。

榻榻米的板材往往需要经过防潮处理，其普通地台高度一般为 15~20cm，若做储物则需要 35~45cm。储物方式分为上掀式或抽拉式，但使用上掀式取东西会比较麻烦。榻榻米的形式简单大方，整个空间没有多余的装饰，干净利落，同时也可将有限的地面全部利用起来，甚至和墙柜结合在一起，从地面到墙面完美利用。

（8）卫生间收纳

普通卫生间的空间相对狭小，却塞满了一家人的洗漱用具，好的收纳对它来说至关重要。

传统洗漱台往往将镜子安装在墙上，占用了较大空间，利用率较低，而镜柜在美观上不但毫不逊色，而且还多了收纳功能，原本摆在台面的物品都能藏在镜后。内嵌在洗漱台下方的收纳抽屉可根据洗漱台大小进行多层设计，容纳量较大。密闭的沐浴区活动区间较小，且多水汽，做收纳设计时需将材质考虑在内。充分利用死角的角落搁板与内置壁龛成为多数家庭首选，材质多为石质、瓷砖以及不锈钢，耐潮且使用寿命更长。

坐便区的使用频次仅次于洗漱台，占地面积较小，区域利用率普遍较低。殊不知在马桶周围做好收纳，也能做到美观、便利。内嵌式壁龛收纳与墙面合为一体，可放置大量书本，洗漱用品。墙面吊柜或搁板相较于内嵌式收纳柜，更加便于安装及拆卸更换。移动式置物架基本不占空间，可轻松摆放绿植、书本类小物件。门后放置的挂篮，也能变成收纳宝地。

上掀式收纳柜

洗手台下的收纳柜

六、日本动漫文化

1. 文化特点

日本动漫是动画和漫画的合称，具有鲜明的民族特色，且不失创新性和趣味性。日本动漫不仅汇集了日本国内的人气，而且风靡全球，形成蔚为大观的文化现象，对日本甚至是全世界都产生了较大的影响。

日本动漫取材广泛，题材来自自然，创作者以写实的画风、精细的画工、细腻的画面逐渐形成了一种唯美的风格，而这种风格表现最具代表性的人物就是宫崎骏了，如其创作的《龙猫》《天空之城》等。 在日本，动漫作品不仅仅是给孩子们看的，它会彰显人生哲理和讨论社会问题，演绎社会的善与恶、美与丑等。动漫所呈现出来跌宕起伏的故事情节、唯美的画面感、真实感的人物设定以及电影化的构图，都给人带来耳目一新之感。因此，日本动漫深受各界人士的厚爱，并一度风靡全球，而这种看似轻松休闲的文化现象背后，其实包含着日本民族浓厚的文化内涵。

日本动漫十分注重对本国文化进行真实地展示，创作者们充分利用动漫的特性，对本土文化元素进行了加工再创作，通过神奇的想象反映创作者对社会现实问题的思考。

悲情主义是日本动画中一个非常重要的美学思潮，自始自终贯穿在每个日本人的血液当中。日本美学深受佛教影响，强调“物哀”，认为万物都有衰败凋零的一天，从而进入轮回。大多数的日本动画都具有这种“物哀”的美学，淡淡的、从容的，讲述一段段人生的绽放与凋零，从头到尾都是“哀而不伤”。日本学者们对这种“物哀之美”的认可已经如同自然法则一般，在日本传统文化中存有很深的烙印。

日本作为世界上融合东西方文明较为成功的国家之一，很好地将民族传统文化与西方现代文明融会贯通。日本动画就是这样，在悄然中慢慢地发展起来，不断吸引着世界的目光。它兼收东西方的题材和故事，却用日本的方式讲述出来，这样的模式获得了广泛的认同和肯定。日本动画引起了现代人对日本现代文明与传统文化的好奇心，同时潜移默化地将日本文化推向了世界舞台，无形中提高了日本在国际竞争中的软实力。

《千与千寻》（宫崎骏作品）

2. 设计运用

在现代人们的生活中，日本动漫受到了众多爱好者的喜爱和推崇，动漫元素几乎随处可见。室内装饰行业也潜移默化受到动漫文化的影响，设计师们将更多的动漫元素融入设计作品之中，使动漫元素与装饰设计相融合，促进了现代室内装饰设计的多元化发展。

日本动漫产业对我们生活的初期影响，是将喜欢的动漫人物海报张贴在自己的房间里，随后，动漫人偶和动漫手办兴起，视野中时不时可见这些装饰小物，渐渐便开始进入我们的生活环境之中。手绘墙开始流行，这种特殊的表现方式，让更多的动漫爱好者通过选择墙面手绘的方式将自己喜爱的动漫手绘于墙体之上，墙面设计开始焕发生机。很多设计师开始逐渐从整体布局、光影表现、色彩搭配等各个角度来将日本动漫中的服装道具、场景氛围以及图案等融入现代的室内装饰当中，以日本动漫为主题的公园、酒吧、餐厅等陆续出现。

日本动漫元素与现代室内装饰设计的融合，往往是建立在对动漫故事内容充分了解的前提之下的。两者之间的融合主要在于动漫主题的表现，无论是公共装饰空间还是个人居住空间，均是如此。

动漫元素不但可以给儿童房的色彩搭配赋予灵魂和主题，还能够增强孩子的安全感。它会给儿童房赋予一个故事情节，属于画龙点睛之笔。男孩好动，因此我们可以多选择动感强烈的元素，例如汽车、大型动物等；女孩好静，公主与小型宠物的元素则比较恰当。相比安全，我们更需要关注孩子的成长。宝贝的想法常常千奇百怪，更有创意，利用设计来帮助孩子将想法变成现实，让孩子收获更多的成就感和信任感。

如果对怎样装饰儿童房没主意，不妨听听宝贝们的建议。选一个他（她）喜欢的漫画人物装饰墙面，就能让房间变成漫画里的场景，让儿童房更有个性。漫画里的对话框其实是为宝贝们留出来的照片墙，挑选图案时不妨多点巧思，画面内外的互动会更为有趣，也更受孩子们的喜欢。

动漫玩偶作为小主人们的玩伴，偶尔也能充当模拟社交游戏的“演员”，玩偶的选择宜少而精，让这些小伙伴既能增添房间的热闹，又不要因为“人口众多”让孩子无从选择，而且切记要保证材料安全可靠。充分了解孩子的年龄、性别、性格特点以及喜好，把这些动漫元素融入装饰设计之中，才能成就一间充满特色而又独具个性的儿童空间。

动漫玩偶儿童房

墙面装饰画灵感来自《小黄人》

墙面装饰画灵感来自《灌篮高手》

第三节 案例解析

青山湖 · 中天珺府

◎ 设计单位：TK 设计 & 之和家居
◎ 项目地点：中国杭州
◎ 项目面积：380 m^2

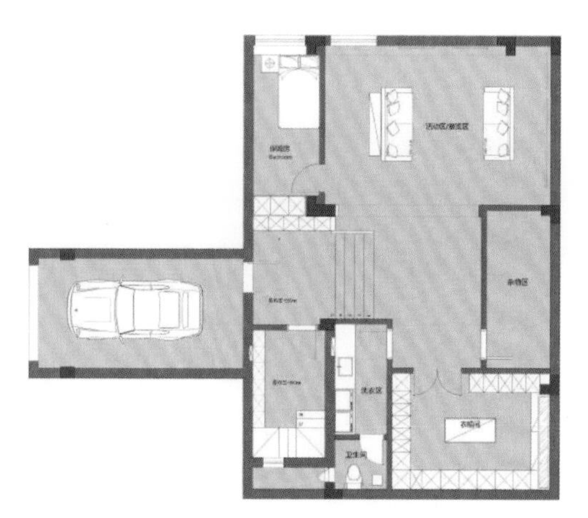

地下层平面布置图

一层平面布置图

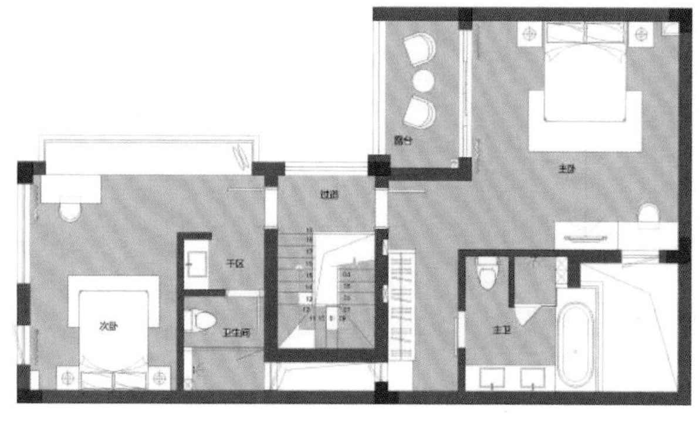

二层平面布置图

一楼的客厅有温暖、干净的布艺沙发，沙发上放有彩色的棉质抱枕，印花的地毯上置有木质茶几，茶几上还有随手可以翻阅的书籍。落地的大玻璃窗经改造后可以全方位打开，窗外的阳光倾泻而下，照在光润的原木色地板以及沙发边泛着光泽的小提琴上，午后，这些漂亮的影子轮廓美极了。

金色的落地台灯，实木的大长桌餐椅，边柜上摆放着红色的音箱，透明的玻璃瓶里尤加利叶子微微舒展。黑白摄影作品是业主自己的创作，往左，入门移门的边柜里摆放了从各国旅行带来的瓷质茶具。两扇落地玻璃窗明亮又开阔，可以享受一整天阳光的沐浴。

客厅开阔的视野融合了最大的采光，完美地诠释了“山气日夕佳，飞鸟相与还”的意境之美。

餐厅望向客厅的角度。人与人之间的幸福感觉来源于生活，原木的桌椅、落地的窗户和户外的自然都是重要展示元素，餐厅与厨房的设置将家庭的情感和烟火气息体现得淋漓尽致。

黑白摄影作品搭配蓝色墙面，别有一番风味。坐在料理台边白色的吧椅上，听着缓慢的音乐，开放式厨房的台面上煮着一壶桂圆红枣茶，“咕咕”地冒着热气，微风轻拂，伴随着浓浓的咖啡香气，是否感觉特别惬意？

设计师重新规划了开放式厨房与客厅的空间动线，实现了空间的互动交流。白色瓷砖上错落着木质隔板，“颜值”与实用并存，让主人更愿意走进厨房了，更愿意和家人待在这里，把食物烹饪出幸福的味道。

过道以白色和原木色为主调，原木材质拥有着丰富的肌理、天然的质感，传递古朴、温暖的纯净情绪。白色的过渡让空间的色彩达到平衡。

传统的日本茶室以现代的手法呈现，独处时看书写字，三两好友相聚时饮茶对谈，甚好。洗净浮华、沉淀心情，安宁而不卑不亢的生活，是我们在城市生活里所追求的。化繁为简，回归自然，设计师为主人打造了一个极具日式禅意的冥想空间。

窗下的矮柜用来收藏摆放小壶，很是精致。素净凝聚着优雅的气息、安逸的氛围。

楼梯也拥有属于自己的小景。

卧室的灰咖色墙面与整体风格协调一致。柔暖的床，舒适的枕头，厚实温暖的棉被，已足以让人们卸下坚强的心防，享受着这一片宁静的氛围。当清晨睁开双眼，冬日的阳光落在温暖的被子上，也落在了我们的心间。

地下层的设计抬高了地面台阶，结合鞋柜悬空做了个造型兼具换鞋凳的功能。去掉传统吊灯的累赘，洒落的灯光营造出温馨的居家氛围。温润的木地板符合光脚的触感，随处可见的储物空间融入了整体的设计，保持着干净整洁的家居模样。

一方天地，有院为家。作为东方生活审美的一种方式，将日式庭院渗入生活之中，能独得一份清雅、内敛和沉稳的意境。以院为名的空间，对于亚洲人而言，除了作为日常起居的生活空间，更是一种休养生息的精神家园。

● 日式格调软装分析

打造要点	打造细节	图片
体现“小、精、巧”的造型模式	节俭作为日本民族的传统风俗习惯，在室内设计中，大多遵循“以小见大”的设计原理进行陈设。日式风格的室内设计形成了“小、精、巧”的造型模式,充分利用檐、龛等空间，营造特定的空间氛围	 
彰显极简格调	日式风格的室内设计极为简洁，摒弃烦琐复杂的曲线，采用清晰的装饰线条，将室内划分出具有很强几何感的空间形态，彰显出简朴高雅的独特格调。日式建筑的门窗大多简洁透光，家具低矮且不多，居于室内，给人以宽敞明亮的感觉，不仅扩大了居室内的视野范围，也充分体现出日式风格的沉静简洁	 
注重收纳	收纳柜是日式风格中的固定部分，可以依靠墙面或者以可移动的形式存在。墙面处理比较简单，以白灰粉刷为主，或贴上壁纸和墙布。壁纸没有华丽的图案，一般为素色，或有各种皱褶肌理。这种简单的处理，恰恰体现出朴实无华的和风特色。收纳柜作为室内的视觉主体与审美中心，用来摆放装饰品、书籍或储藏衣物等居家用品，均较为合适	 
使用榻榻米家具	榻榻米是代表日式室内设计的元素之一，看似简单，实则包含的功能强大，既有一般凉席的作用，又兼具美观舒适。其收藏储物的特质也是一大特色,想休息时可以当作床，待客时又可以是个客厅。在一般家庭，日式榻榻米简直可以说是一件“万能家具”	 

日本料理店

◎ 设计师：彭政

◎ 项目地点：江西景德镇

如何打造一个时尚的日式餐饮？借鉴日本街头那种张扬且很有朝气的颜色、形式，设计师产生了一种打造纯正日本料理店的概念。为了营造截然不同的环境气氛，设计师多次运用优质的木材、砂岩、石材等元素，在精心布置的灯光照射下，各自表现出它们独特的肌理质感。

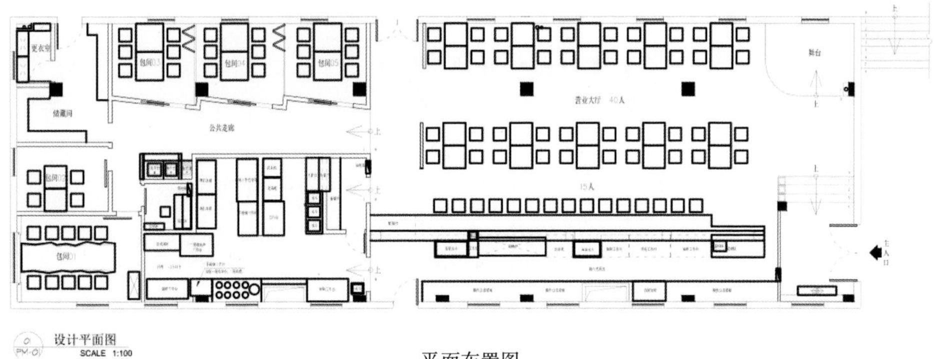

平面布置图

推开店门，“曲径通幽处”映入眼前的是红黑基调的风格。设计师以日式元素作为选材的出发点，注重每一个角落里景物的布置。“点”与“境”融合的特色景观区域巧妙地将餐厅隐藏在内，营造出别有洞天的效果。

餐厅入口简约但充满设计感，将传统日式元素和现代布局结合，清新、干净的色彩搭配使高雅和温馨并存，带给人一种强烈的日式风尚，让消费者从入口的那一刻就对美食充满期待。

就餐区墙面的木格栅是一幅高低起伏的山脉抽象画，加上天花中垂吊下来的灯具，整体空间洋溢着一种生长的气息。餐厅的设计给予食客很多视觉上的冲击，彰显出独特的品味。

该餐厅在格局上运用天然木材和日本特色元素装饰了一个线条清晰、布局优雅的日式空间。树干作为最天然朴实的装饰材料，以一种自然的姿态出现在天花板上，对应下方的空间分隔，通过视觉体验为整个空间渲染出了一种浓厚的日式风情。在满足餐厅功能需求的前提之下，日式禅风的硬朗与流动的线条完美组合，含蓄地表现出宁静迷人的气质。

从方案的平面设计中可以看出，空间的利用率很高。它不仅拥有一个公共就餐区域，还拥有卡座、VIP 房、开放观赏式房间和寿司吧，另外还新增了造型独特的接待台以及竹子压制形成的背景墙。吊顶运用了木质结构来仿制原木结构，屋顶形成的节奏感把餐厅整体的活泼气氛也带动了起来。

日本清酒、餐具、装饰画、暖帘……每个角落都透露着浓浓的和风质感，这些精致的装饰，无一不在告诉食客们，即使再疲惫，总有这么一个地方可以让你放松身心。

厨房的开放式设计能够更好地将食物和食客串联起来，虽然风格简洁，但是注重食物的匠心表露无遗。餐厅的室内设计规整有序，一排原木餐桌、一条招贴画装饰，轻易就将就餐氛围和食材新鲜的特点潜移默化地传达给了消费者。

餐厅在氛围的塑造上细致而有温度，日式经典的榻榻米元素被设计师以天花的形式展示在 VIP 包间，透露着日式的禅心。其材质和墙面材料相互碰撞，在干净的氛围中传达出温暖、丰富的空间质感。

● 日式格调软装分析

打造要点	打造细节	图片
选用 自然材料	日式风格特别能与大自然融为一体，借用外在自然景色，为室内带来无限生机。选用粗质感的木材和石材，沿用日本朴实自然的风格，达到与大自然亲切交流、其乐融融的效果。格局设计中从天花到地板都是最天然、最朴实的材料，有着浓郁的日本民族特色	
加入日式 工艺品	浮世绘艺术的融入，使得休闲空间更具有艺术涵养和文化底蕴。浮世绘具有鲜明的民间美术特色，表现出浓烈的生活气息，使得整个日式空间沉浸在一种独特的民族艺术氛围当中	
融入 传统饰物	日本人很喜欢使用各种各样的灯笼做装饰，可以看作是他们的民族情结，所以将灯笼作为照明使用时，更是展现实用性为主。各式灯笼悬挂在敞开厨房的边台上，散发着大和民族喜庆而又温馨的气息	
使用推拉门 和屏风	推拉门和屏风是日式风格常用的元素，也是日本家庭必备的设计元素。这些屏风门来回滑动，能节省一定的空间，且不会阻挡自然光线和景观。用玻璃嵌板的推拉门来替代大面积的墙壁，是将这种风格融入自己家中的较好方法	

法式设计

法式风格概述

软装文化及运用

案例解析

第一节
法式风格概述

法国作为欧洲的艺术之都，装饰风格非常多样化，法式软装风格其实就是延伸了法国人对美的追求，细节处理上运用了法式廊柱、雕花、线条，制作工艺精细考究。法国人天生具有独特的浪漫情怀，他们的家也是如此，不仅要求具有贵族气势，而且也要舒适，有浪漫的情调。

16 世纪法国的室内装潢多由在意大利接触过雕刻工艺的手艺人和工匠来完成。到了 17 世纪，浪漫主义经意大利传入法国，并成为其设计的主流。17 世纪初，欧洲贵族文化发展迅速，“黄金时代”的来临，使法国在整整三个世纪内主导着欧洲潮流，而此时主要的室内装饰多由成名建筑师和设计师来主持。到了路易十五时代，欧洲的贵族艺术发展到顶峰，并形成了以法国为发源地的“洛可可”室内装饰风格，一种以追求秀雅轻盈、显现出妩媚纤细特征的法式家居风格便出现了。

法式风格是个概括的名词，经过漫长的几个世纪，古罗马式、哥特式、文艺复兴、巴洛克、洛可可、新古典主义，如同中国的朝代更替一样，新的文化浪潮一浪又一浪更替演变着。而今天，我们大多数人说的法式，只是在法国文化历程中截取了教堂、宫殿、贵族府邸的一个片段，有一叶障目之嫌。

真正的法式风格讲究自然，追求内在和色彩的联系，不求简单协调，而是崇尚冲突之美。在建筑整体上注重严格把控，比较善于在细节雕琢上下功夫。布局方面对称严密，气势恢宏，居住感受豪华舒适。身处其中，很容易在第一时间内感受到主人的良好气质，它带着一种西方国家特有的绅士精神，和我们国家儒学中的谦谦君子有所不同，显得更加张扬自信。

细节处理和整体风格也是交相辉映的，主要是为了突出法式风格的典雅。家具多是结构粗厚的木制家具，就像鼓型边桌一样，呈现了一种皇家的品位。

崇尚自然冲突之美的法式设计，将冲突点缀其中，恰到好处，又不会让人感觉到不适，更多是一种惊艳的感觉。法式风格推崇优雅、高贵和浪漫，就像王子与公主的故事经久不衰，追求的是在气质上给人一种感染。

一、法式家具

法式家具在色彩上以素净、单纯与质朴见长。爱浪漫的法国人偏爱明亮色系，以米黄、白色、原色居多。所以，有人称法式家具为“感性家具”。

法国是一个懂生活的国家，其时装、香水、烹饪举世闻名，作为法式生活艺术的法式家具自然也不例外，它传承了法国人特有的气质——完美与感性。当存在于法国血液里的艺术精神折射到日常家具设计上时，那讲究的质感、天然的原料、细腻的弧度，都带有浓郁的贵族宫廷色彩，富含艺术气息，既能观赏又能长久使用。

法式风格家具强调手工雕刻及优雅复古，如以桃花心木为主要材质，采用完全手工精致雕刻，保留典雅的造型与细腻的线条感，使家具多了一份古朴的风味。此外，许多家具的材面上都会有所谓仿古涂装之小黑刮痕，为家具留下一点历史的痕迹。在法式风格中，设计师多采用藤编家具、呈现木头纹路的原木质家具、自然风味的手工制品、盆栽、原始造型的壁炉、自然裁切的石板、造型特殊的石材，以及素雅大方不做作的温馨暖色来搭配装饰空间，主要是想让房内的居住者，切身感受到温馨、亲切、朴实、自然之感。

法式家具的风格按时间顺序主要分为三类——巴洛克式、洛可可式和法国乡村家具。巴洛克式宏壮华丽，洛可可式秀丽巧柔，法国乡村家具优雅内敛。

（1）巴洛克式

巴洛克式风格家具带有真实的生活情感，更加适合生活的功能需要和精神需求。其最大特色是将富于表现力的装饰细部相对集中，简化不必要的部分而强调整体，在总体造型与装饰风格上与巴洛克建筑、室内的陈设、墙壁、门窗等严格统一，创造了一种建筑与家具和谐一致的总体效果。

巴洛克式风格家具造型华丽，渲染一种生动、奔放的艺术效果，以浪漫主义精神为设计出发点，再赋予其亲切、柔和的抒情格调，追求跃动型装饰样式。家具利用多变的曲面，花样繁多的装饰，做大面积的雕刻或者金箔贴面、描金涂漆处理，并在坐卧类家具上大量应用面料包覆。其繁复的空间组合与浓重的色调布局，把每一件家具的抒情色彩都表达得十分强烈，也将热情浪漫的艺术效果表现得淋漓尽致。

巴洛克式家具

（2）洛可可式

洛可可式是法式家具里最具代表性的一种，以流畅的线条和唯美的造型著称，受到广泛的认可和推崇。洛可可式家具带有女性的柔美，最明显的特点就是以芭蕾舞动作为原型的椅子腿，可以感受到那种秀气和高雅，注重体现曲线特色。其靠背、扶手、椅腿大都采用细致、典雅的雕花，椅背的顶梁都有玲珑起伏的涡卷纹，椅腿采用弧弯式，并配有兽爪抓球式椅脚，处处展现与众不同。

（3）法式乡村家具

法式乡村家具喜欢使用明快的色彩，在意营造流畅感和系列化，非常偏爱曲线，整体感觉非常优雅。尊贵而内敛的家具尺寸一般比较纤巧，而且都有一定的弧线，特别是小巧的家具脚更是与众不同。材料以樱桃木为佳，有的家具还会使用“法国灰”手绘装饰，和铁艺完美结合也是法式乡村风格家具的特征之一。风化、洗白的效果也随处可见，剥漆处理的蓝色、木色椅子也是最经典的款式。

洛可可家具

乡村家具

二、空间

（1） 立体

石膏线的处理是营造法式空间的关键所在，而石膏又是最常见的装饰材料，不着痕迹地勾勒出法式的格调，是必选捷径。当然，遵循着“少就是多”的原则，把石膏线条简单化，“点到为止”可能更适合大多数人。

除了墙面以外，虽说在屋顶、梁、立柱以及各种门框上，石膏线都可以存在，但营造立体感主要是为了展现法式风格的“精、气、神”，只要守住了基本线条和框，在石膏线中稍微点缀些花纹图案，让整体更精致就大功告成了。

（2）挑高

青睐法式的人们不难发现，在法式空间里，视觉上的显高是必要的。如果没有满意的层高，可以依靠其他装饰手段，比如将窗帘杆装到天花，室内门做到顶，衣柜或储物柜顶天立地，吊顶简化。在空间结构上，现代法式更遵循古希腊建筑艺术的理性发展，常常采用垂直落地门窗，注重对称，毕竟这更符合现代的简洁感。巴洛克风格的曲面和拱顶装饰相对少见，因为在现代家庭，很难拥有宫殿和教堂的层高。

把门洞和窗洞都挑高后，门洞高度能达到 2.4m 以上，窗帘挂到吊顶处，从天花板边缘垂下，才能真正在视觉上把层高拔高。石膏装饰做到最薄，自然也可以把层高折损降到最低。更讨巧的方法是把室内门设计成护墙板样式，同时把柜门和室内门成体打造，尽可能地让纵线条不被打断。

（3）对称

对称是法式风格里少有但又必不可少的设计原则。现代法式基本都默默遵循着水平、垂直、对称的规则，巴洛克时期弯来弯去的曲线设计现在基本上找不到了。而所谓的对称，不仅仅体现在墙面石膏线的设计上，包括窗户、门框甚至是落地镜在内，都常常对称设计，就像法式的木地板会选择“人字拼”而不是“鱼骨拼”，所谓的法式均衡就是这么来的。

用石膏线打造精致感

石膏墙面

注重层高的法式空间

对称设计的法式空间

三、法式色彩

法式风格的色彩搭配，具有浓烈的情感和独特的美学理念，带着一种华丽与优雅感。精致的法式推崇自然、不矫揉造作的用色，比如蓝色，绿色。尤其要强调的是紫色，紫色本身就是精致、浪漫的代名词（著名的薰衣草之乡普罗旺斯就在法国），再搭配清新自然的象牙白和奶白色，整个室内便溢满素雅清幽的感觉。

此外，优雅而奢华的法式氛围还需要适用的装饰色彩，如金，紫，红，夹杂在素雅的基调中温和地跳动，渲染出一种柔和、高雅的气质，但用色多时要注意敏感度的把握。

在法式风格中，适当增添金色元素是很棒的方法，小到锁扣、门镜，大到灯具、边桌，金色的添加能加深整个空间的仪式感和尊贵调性。可以将挂画配上金边相框，增加铜质扣条等，保证金色在空间软装配饰的比例占到 10% ~ 20% 的效果最好。

秉承典型的法式风格色彩搭配原则，室内墙面常常使用红色、黄色、蓝色或浅色系，家具用黑灰、栗色、银色及铁艺装饰，形成空间中的强弱对比。布局上突出轴线的对称、恢宏的气势，相信在白色的卷早草纹窗帘、水晶吊灯、落地灯、插花的搭配下，法式风格的浪漫清新之感会扑面而来。

紫色的法国普罗旺斯熏衣草花海

以红色为底色，呈现浓烈、柔美的法式格调

金色的色调能增强空间的暖度

四、法式织物

在法式宫廷的空间里，锦缎、织物、棉麻几乎垂坠在每个角落，质感上乘、层次丰富的织物能营造华丽雍容之感，却不会像鎏金那样给人带来压力。素雅的面料可选择棉麻、刺绣、钩花这类装饰性更强的单品，而色彩艳丽的织物则适合点缀。在打破空间沉闷这一方面，织物从来更胜其他。

精致法式居家氛围的营造，重要的就是布艺的搭配，窗帘、沙发、桌椅等在布艺选择上更注重质感和颜色是否协调，同时也要跟墙面色彩以及家具合理搭配。如果布艺选择得当，再配以柔和的灯光，更能衬托出法式风格的曼妙氛围。

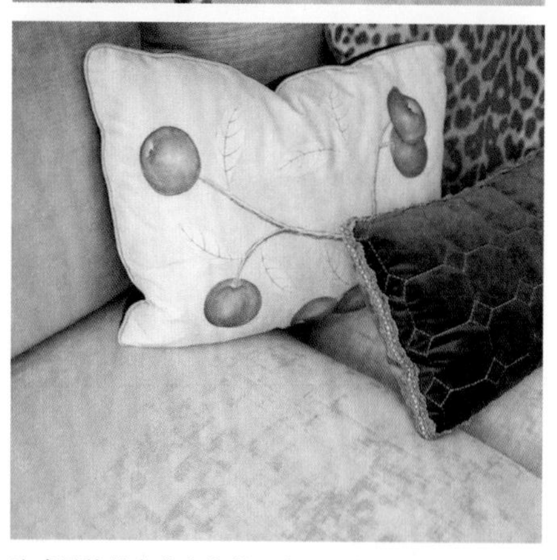

法式风格的布艺在抱枕、家具、灯具和窗帘上的运用

在法国及欧洲其他地方，亚麻与水晶、银器一样，是富裕生活的象征。中国人以丝绸为贵，对法国人来说，就是亚麻。懂得生活的欧洲人，对亚麻织品的情感是认真细致、富有耐心的，那里的跳蚤市场上经常会看到绣有拥有者名字字母的麻织床单。除亚麻外，木棉印花布、手工纺织的毛呢、粗花呢等布艺制品也常见于法式家居中。古典的法式布艺则依然热衷于应用天鹅绒和提花织锦。

（1）窗帘

法式窗帘一般饰以镶缀和饰珠，也沿用巴洛克时期的垂纬、绶带和绳索等，从天花一直垂坠到地面，以层层叠叠的纺织品来营造梦幻的浪漫氛围。帷幔式样以垂花饰为主，帷幔和窗帘盒继承巴洛克时期的曲线。束带窗帘的后面通常采用透明的巴黎遮阳帘而非透明薄纱窗帘。窗帘盒上采用刺绣锁边，中间经常出现贝壳或者花卉图形的刺绣，另一种刺绣图形则来自于东方的艺术。

（2）床品

法式床品以丝质面料为主，表面同样采用大马士革花纹图案，色调淡雅而浪漫，与房间整体布艺色调一致。通常床罩（或被子）与枕头的面料花色繁简程度成反比，比如床罩花色复杂，则枕头会呈单色或者条纹，反之亦然。床品色调也应该与床具色调成反比，这样的卧室看起来不会那么单调。

法式窗帘

法式床品

（3）印花

在法国女人的审美意识里，把整个大自然都呈现在自己的家里（比如卷草纹样、缠绕舒卷的蔷薇、高大的棕榈、蚌壳的曲线等）是一件特别浪漫的事情。法式传统印花布艺复杂又精致，基本上都会印在以白色、米色为底色的棉布上，图案从花草树木到神话故事，应有尽有。而这种印花主要都是单色居多，床品、靠枕或者是局部墙纸的铺贴都法风十足，还混杂着一种田园感。

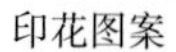

印花图案

传统印花布艺

五、法式灯具

法式灯具讲究简洁，所以细节处理便显得尤为重要，一般采用古铜色、黑色铸铁和铜质为框架。为了突出材质本身的特点，框架本身就已成为一种装饰，可以在不同角度下产生不同光感，这使法式灯具比金光闪耀的欧式灯具更为经久不衰。

法式灯具讲究氛围营造，因为法国人认为房子是用来住的，不是用来欣赏的，要让住在其中或偶尔来往的人都备感温暖，才是法式风格家具的真正设计精髓。

灯具无论框架还是灯罩，颜色多以单一色系（浅色）为主，比如米白色、浅黄色等，而欧式或新古典灯具大多会加上金色或其他色彩的装饰、雕刻。其另一个重要特点就是实用性比较强，如专门用于餐厅或客厅的吊扇灯，既能照明又可以当风扇使用。

灯具造型一般以铁质、冷轧钢、锌合金、铜质、玻璃和布艺组合而成，它们凸显的并非材料本身，更重要的是灯具的美感、观赏度、适应度以及能否更好地表达房屋的装饰风格。

法式灯具

六、法式镜子

法式风格不仅舒适，也洋溢着一种文化气息，因此雕塑、工艺品等都是不可或缺的工艺品。打造法式空间时，拥有一面铜镜应该是很多人引以为傲的第一目标，无论是悬挂装饰镜还是落地穿衣镜，而壁炉、铜镜、烛台三位一体构成的组合几乎就是法式空间的标准配搭。考虑到壁炉的存在与否通常是由空间大小来决定的，所以利用装饰效果绝佳的镜子来提升气质则更容易实现。

铜镜造价不菲，很多金边镜或是造型各异的银镜都是不错的选择。铜镜浓缩了法式风格的重要硬装要素——立体和对称，同时又小范围地延续了宫廷时期的繁复瑰丽。

法式铜镜

第二节
软装文化及运用

一、香槟文化

1. 文化特点

相信历史上没有任何一种酒能与香槟的神秘性相媲美，那种纵酒高歌的豪放气质，代表着欢乐和喜庆。香槟，在成为一种酒的名称之前，首先是一个地名——法国的香槟地区（Champagne）。该地区出产的这种带有美妙气泡，采用传统工艺，使用当地特定品种进行酿制的葡萄酒，得以冠名原产地法定名称，即香槟。

香槟在法文中的意思与欢笑、愉快同义，因此香槟也成为法国人庆祝节日的必备酒款。每逢圣诞节等节日聚会时，倒上一杯酒色清澈的香槟，邀请三五好友品尝美酒、美食，让甜蜜的感情停留在此刻，是法式生活的一种典型场景。

香槟作为葡萄酒之王，多少带有宫廷酒的意思，一直是法国皇族和各国名流显贵餐桌上的佳酿。其起源要追溯到 17 世纪，法国香槟区一名传教士厌倦了浓郁黏腻的葡萄酒，突发奇想自己勾兑了各类葡萄酒，发明用软木塞代替木屑来密封酒瓶。当他一年后取出这瓶酒时，发现酒色清亮透明，满带欢腾气泡的香槟四处弥漫，迷人的香槟酒就此诞生。因此，只有法国香槟地区生产的起泡酒才能称之为香槟，而其他地方的只能叫起泡酒。

发展至今，法国香槟酒的酿制依然保留完全手工的采摘和人工处理，选用的葡萄也是大有讲究， 香槟酒只能由三种葡萄酿造，即白葡萄霞多丽、红葡萄黑品乐和莫尼耶品乐，通常标准的一款香槟酒是用这三种葡萄勾兑酿制的。正是因为酿造过程的精致追求，让香槟散发着神秘而迷人的魅力，也让香槟文化吸引着全世界的目光，最终成为法国人的民族骄傲。

法国香槟——巴黎之花

2. 设计运用

随着人们生活水平的日益提高，越来越多的人士开始注重生活质量，而品酒、赏酒正是一种可以提升个人品位、同时放松自我的较好生活方式。

酒不仅是一种饮品，更是一种文化体现，几乎每一位爱酒之人，都希望能在家中拥有一个属于自己的酒柜。好的酒柜，不仅能收纳各种藏酒，更能体现主人的家居设计格调。

与其他必备的家具不同，酒柜是一种比较特殊的存在，在设计上，无论从实用性还是美观性来说，都倾向将两者相结合的设计形式。它并非独立存在，而是融于空间之中，切实贴合屋主的现实需求。基于这些观点，在设计之初，就需要从空间、布局、尺寸以及使用要求出发，建立设计与美学共融的一体化酒柜。对于家用酒柜而言，一般分为独立酒柜和定制酒柜两种模式，其尺寸不存在固定值，一切以实际面积而定。正常情况下，定制型酒柜需要根据使用者的实际身高进行确定，以 175cm 的身高为例，其酒柜的高度设定在 180cm 为宜，隔层高度在 30~40cm，隔板厚度在 50cm 最佳。

（1）客厅隔断酒柜

酒柜设计之初，首先要做的第一步就是空间规划，比如在开放式布局当中，设计师习惯于在玄关与客厅、客厅与餐厅这两个空间之中加入隔断设计，以此形成一种隔而不断的空间美学。以此为基点，我们可以将酒柜融于隔断设计之中，形成独具特色的“隔断酒柜”。其设计原理与一般隔断柜无异，但需要注意的是，酒柜设计必须在延续空间主调的基础上进行，以达到一种平衡之美。

对于设计师来说，一件家具不仅仅只有单一的使用功能，还可以是多重功能的组合，而这样的设计理念，就体现在隔断式酒柜设计上。隔断与酒柜的互融，将两种属性完美结合，从立面构成到整体呈现，为两个空间创造出极具个性的视觉体验。展示概念的植入，能让酒柜在原先的基础上完成对空间区块的划分和整合。不同的造型、不同的设定，为酒柜设计带来全新视角，以此形成独特的空间艺术。

客厅展示酒柜

（2）餐边酒柜

作为酒柜的最佳容身之所，餐厨空间为其提供了更多展示可能。无论是独立存在，还是镶嵌于墙体之中，都能在满足使用需求的前提下为空间营造出轻奢格调。

餐边柜作为酒柜最直观的展示模式，有矮柜、高柜和整墙柜之分。其设计方案需从空间实际面积出发，并进行最终的量身定制。无论是哪种展现形式，在保留原有功能基础上，创造出了独特的陈列方式，它不再是简单的柜体展现，而是一处将奢华设计、美学理念和独创贮存方案融为一体的特别空间。

基于扩大空间利用率的需求，酒柜设计还可以与墙面背景相融合，以此来打造共享空间。至于墙面区域，可以是客厅电视背景墙，也可以是走廊闲置的非承重墙等。嵌入式设计扩大了整体利用率，进一步深化了墙面场景设计。

L 形的布局方式最适宜用在拐角处，能让角落变得不再单调无用。贴墙而设的柜体布置，完美化解了直角边的尴尬处境，利落的线条勾勒出完美的柜体，层层叠加的形式丰富了空间层次感，产生令人惊叹的艺术效果。

（3）吧台酒柜

将吧台与酒柜作为一个设计切入点，是时下很流行的一种设计方式。吧台延伸出来的酒柜立于墙面之中，是功能与美学相结合的具象展现，连贯而成的设计赋予整体更直观的立面美学。

每一个空间之中，关于酒柜的设计都有自己既定的标准，无须复杂，只要符合空间设定、使用需求即可，这样最终呈现出来的酒柜模样，才能还原出最贴合业主实际的审美意向。

L 形酒柜

餐边柜

（4）酒窖

如果居住空间够大，有一间地下室，而且主人正好又是一位爱酒人士，那么不妨将地下空间合理利用，设计成一个酒窖，用来放置各种爱酒。这样开辟的储酒空间也具有更专业、更适宜的存酒条件，方便更好地品酒、藏酒，享受生活。

在设计红酒房时，对室内的各种条件要求是十分苛刻的，温度、湿度、灯光等都是需要考虑的因素，只有这样，才能让红酒在这样的环境下不会变质，一直保持较好的口感和色泽。

其一，设计场所的选择特别重要。存酒空间的设计最重要的是选择一处最为合适的空间，一般都是将地下室改造成酒窖，也有一些不是别墅空间的居室，可以选择相对昏暗的地方，同时较为关键的，是要远离热源，避免让红酒因为温度原因出现问题。

其二，保温处理也是关键。只需存放数周的红酒，对温度的处理要求不高，但如果需要存放几个月、几年甚至十几年，那它们对温度的要求是极为苛刻的。室内的温度一般要保持在 14 ~ 18℃，并且需要恒温状态。在装修时，墙面与吊顶材料也要选择具有保温效果的，让室内温度不会热胀冷缩，也避免了红酒出现口感与色泽的变化。

其三，照明采光不可忽视。所有的酒类都应该尽量避免强光直射，无论是日光还是灯光，特别是对葡萄酒会造成极大的伤害。一切有热能的灯具都是不能选择的，最好选择冷光源的白炽灯，不会有任何热量产生，也不会有紫外线破坏酒的结构。

其四，通风状况也是重要因素。很多地下室酒窖没有自然的通风条件，因为封闭式的空间没有窗户设计，所以要通过通风设备来实现。可以选择通风循环系统，不仅能将室内各种异味排出，也能让温度保持在稳定状态。

吧台酒柜

地下酒窖

二、花艺文化

1. 文化特点

法国作为欧洲浪漫的国度，有着悠久的历史、丰富的文化内涵及名胜古迹。法国人对精致生活的体现遍布在日常的细节上。鲜花是法国人生活中不可或缺的东西，大街上随处可见的花店，走在路上时常可以遇到怀抱鲜花、面带微笑的人们。法国人深信，家中有花的日子，即使天气阴霾也将变成阳光明媚，它不仅是点缀，更是生活的一部分。

法式花艺在传统西式花艺的基础上更强调与氛围相融合。正因为法国人喜欢时尚、追求创新，所以在设计灵感上注重与时尚并驾齐驱。法国人追求自然，随性的生活方式，体现在花艺方面亦是如此，设计上除了原有的装饰性外，更讲求自然之美，强调从花材本身出发，以其生长的自然态势来创作作品，因此，这种花艺又称为法式自然风格花艺。大自然本身的设计灵感，涵盖法国人对于艺术的极致追求以及自由浪漫的精神，以自然生长和生活相结合的姿态来传达法国这个国度带给大家的独特文化质感。

法式花艺的发展分为四大阶段，风格也迥异。

第一阶段——巴比伦时期。在巴比伦时期，法式花艺以对称、大面积密集、略显随意为主要特点，这也为现代法式花艺奠定了坚实的基础。花器上常选用铜制和镀金容器，花材多以银莲花、百合、康乃馨、玫瑰、金鱼草、罂粟花、郁金香为主，中度的粉色、薰衣草紫、蓝色、灰白、红色、金色是当时常用于作品中的搭配。整体的设计构造是由花器、花材和所表达的艺术概念来决定，大家常见的烛台、巴洛克式的天使摆件、小木盒的搭配正是这种风格。

第二阶段——洛可可时期。洛可可时期的法式花艺无严格对称，以开放式、雅致轻盈居多，花器上常选用陶瓷瓶罐、玻璃制品、高脚杯等，除了罂粟花、郁金香之外，丁香、飞燕草、芍药、蕨类植物、金银花也渐渐崭露头角。色彩搭配以淡粉、浅黄、米白的柔和色系为主，整体的构造也渐渐有了明显的突出，如椭圆形、S 曲线形等造型，可以搭配雕塑、书籍、面具及带有刺绣的物品元素。

第三阶段——新古典时期。在新古典时期，精致考究、富有女性化特征成为主流，转而选用瓷制高花瓶、玻璃或水晶花器，银莲花、金盏花、玫瑰、风信子、金鱼草等花材较为常用。色调偏柔和冷色，在构造上也

法式花艺

发生了巨大改变，火焰状、线条状、尖状成为主流。毋庸置疑，此时期常用的配件是陶瓷雕像和瓷制品的元素。

第四阶段——帝国时期。在帝国时期，法式花艺开始偏向沉稳平衡、结构紧凑，印有经典样式（古希腊、古罗马、埃及文化图案）的大理石花瓶成为主要花器，花材多选用百合、玫瑰、藿香，色彩也有了很大突破，红色、绿色、白色、金色、紫色等明亮色调成为主流。三角样式的构造成为这个时期的代表，逐渐选用钟表、烛台、装饰用的小盒子类的配件。

法式花艺演变至今，留给我们的最大特点就是自然，如线条感极强的花束、油画框花艺、长桌花、拱门等，都是对于植物生命力最好的诠释，这也是法式花艺很受欢迎的一个特点。现代法式花艺一般以焦点为中心，多采用放射性插入法，线条表现十分强烈，如弯月形、S 形、瀑布形等，充分体现人与自然的浪漫结合。海明威曾形容巴黎是一场“流动的飨宴”，在这场飨宴里，流动着的不管是花艺所追求的自然美感，还是生性的浪漫，都是人们对美好生活的向往。

玻璃花器花艺

2. 设计运用

花作为美好的象征，越来越多地出现在我们的生活当中。当今的插花和花艺，不仅是一种室内的陈设品和社交礼品，同时也成为人们生活中不可或缺的一部分。人们把花艺直接、真实地用于生活，成为美化生活的艺术，体现出人们向往美好生活的人生态度。

（1）花器的选择

花器在插花历史上历来受到重视，被称为“大地”或“花屋”，东方空间插花更是注重器皿的应用。花器与插花作品通常是作为一件艺术作品来欣赏的，花器的好坏，足可影响插花的艺术性，可见其重要性。

现代花艺在传统的基础上更多应用了一些新的元素，水晶花瓶、古典花瓶或者特殊形状的花瓶，其盛花容器的不同会营造出完全不同的视觉效果。也可以选用一些别致的容器来布置花艺，比如一只非常漂亮的碗，可以将它布置起来放在厨房。但要注意容器、花朵要与花艺放置房间的颜色和风格相匹配。

陶瓷花器花艺

（2）绿植的搭配

绿植在花艺布置中是很重要的，迷迭香、薄荷、桑葚等，给人以放松感，并能使整个花束更具层次。绿植可以衬托出花朵的颜色，但要注意整个花束中绿植的比重不能大于花朵的比重。

其实所有的绿植在花艺中可以统称为花材。“花不论草木，皆可供瓶中插贮”，花材的种类很多，有木本、草本、藤本等。插花时多以其形状进行分类，切花花材根据形态的不同可分为线状花材、团状花材、散状花材和特殊形状的花材。各种形态的花材在插花作品中各具表现力，共同完成插花作品的造型。

绿色植物点缀的空间

（3）花色的挑选

自然界中的花卉千姿百态、万紫千红，不同的花有不同的色彩和特性，能带给人们不同的情感与想象空间。在空间花艺设计中巧妙运用花色，可以紧跟时尚，创造斑斓的生活空间。

在花艺空间设计中，喜气的红色让人感觉到热情美好，黄色系花艺带来温暖的气息，白色花艺具有安宁、清新的视觉感受，蓝色花艺使人心旷神怡，紫色花艺则让人联想到浪漫与雍容华贵。

选择花朵时，也可以选择同系列的花色。比如不同颜色的玫瑰，香槟色搭配深红，或者不同深浅的蓝色相互搭配，中间放一朵颜

花色能丰富空间色彩

色出挑的紫色花朵，这样的花艺布置绝对博人眼球。

（4）视觉焦点

在整个花束中，一定要有一朵显眼的主体花，用来吸引人们的注意力，其他的花朵可围绕这朵主体花进行排列，这样的花束组合视觉效果会非常好。

我们不需要每次都费尽心思去安排每朵花的位置，简单的花束也独具魅力。在浴室或者其他比较私密的空间，一束简单的花束足可以展示出主人的优雅与品味。

（5）组合花艺

花器里的插花既可单独欣赏，又可组合在一起陈列。组合插花作品最大的特色在于线条的灵动感和组合排列的律动感，毫无刻意的雕琢制造出随意的美感。

组合花艺大多使用同款但尺寸不一的花瓶，把它们放在桌子中间，这种摆放方式通常具有较好的视觉效果，但摆放时要注意花朵与花瓶的搭配。

简单的花朵也能成为视觉焦点

组合插花

组合插花

三、香水文化

1. 文化特点

我们的世界丰富多彩，美好的事物随处可见，香水并非生活的必需品，但是人性的潜能又在追寻、创造这种奢侈品，其目的就是用香水来创造和延伸自己对生活的愿望，试图在香水中寻找到情感和慰藉。在法国，香水的发展和其引以为傲的服装业不无关系，一些高端的服饰发布会，设计师们总会喷洒一点与服装契合的香水味道，加强表演效果，对服装的销售也很有帮助，香水和时装早已成为不可分割的组合。

香水的香调（指香水所散发出来的味道）就如同音乐的音调一样，是不可或缺的。正因为如此，香水文化的意义已经越来越广泛，也越来越深入到人们的灵魂中去。

香水文化，最主要的是香水，而香水最精神的当然就是香气了。香气是法国人生活的另一方面，作为世界上最大的香水生产国，他们用香的讲究已经达到无与伦比的地步。

香奈儿香水

当人们劳累一天回到家里，点上香薰，沉浸在充满香气的热水里，空气中弥漫着自己喜欢的香味，那种放松和惬意在不经意中变成了实实在在的生活享受。

香水是一种技术产品，但它更是一种文化产品。配制香水是一个复杂的过程，需要依据人们审美情趣的变化和要求来创造。而随着科技的发展，越来越多的香精原料会加入到香水的调配之中，丰富我们的香熏文化。

香水的选择非常考究，每款香水的背后都有其独特的审美和内涵。首先要确定使用者的性别，其次要考虑使用的场合、服装、季节、年龄等因素。香水的使用要做到个体与他人的和谐相融，在把控好用量的前提下能够为自己和他人提供嗅觉的享受。可以说，挑选香水、使用香水的方式都是对个体文化素质和个人修养的双重考验。

2. 设计运用

在每个人的心目中，都有属于自己家庭的独特味道，甜甜的、清雅的、温暖的，甚至可能只是一种花朵的味道，这些都因个人的感受不一而有所差异。但是纵使世间万般香味，属于我们每一个人的，只属一香。这种独属的香味给了我们一种无法言喻、无法分享的安全感，甚至是归属感，这也是很多人喜欢用家居香氛的重要原因。 木香舒缓心灵，花香激发智慧，柠檬香增添活力，檀香抚慰情绪……每个人都会根据自身的文化和经历来解读芳香语汇。

嗅觉与情绪之间的密切关联让人类能够在室内空间中营造出独特标识，因此，家居香氛的设计也是实现装饰功能、塑造美好心情的关键。这项细节看似无足轻重，但实际上却是提升室内装饰的点睛之笔。在现代私密环境中，使用家居香水、熏香、香薰蜡烛等可为居所空间注入灵性。

家居香氛除了能提升自家格调之外，最主要的作用还是让生活在里面的人安神悦心、舒缓情绪，并营造浪漫的生活气氛。需要注意的是，它没有治病的功能，好的香氛指标就是对人体没有危害，同时又能享受到清新气息，仅此而已。家居香氛的选择需要参照这个原则，避免选择特别厚重、辛辣或者脂粉气息浓郁的产品。

家居香氛主要分为藤条香氛、蜡烛香氛和喷雾香氛等几种。其中藤条香氛主要通过挥发性能较为出色的自然材质为媒介（比如棉绳、藤条等），将瓶内的精油吸附到藤条或者干花的花头之上，进而将香气扩散到空气里，保持空气清新。藤条香氛不需要明火，更加安全，它除了可以净化空气、改善环境卫生等作用，也能够烘托家居生活，打造专属自己的味道。

香薰蜡烛是一种比较传统的为居室添香的方式。在宁静的夜晚，如果需要营造一种浪漫氛围，蜡烛就是必不可少的点缀之一。其跳动的火焰和弥漫的芳香，油然而生一种温暖的感觉，进而缓解生活的紧张与忙碌。可以将之放置于办公室、居所等任何地方，点上蜡烛香氛，萦绕在鼻尖的香味会带给我们一种有人陪伴的幸福感。

喷雾香氛对空气有较高要求，对生活质量有一定追求的朋友都会对此情有独钟。它不仅能保持空气的湿度，还能给皮肤补水，同时也能弥漫一种令人愉悦的香味。

藤条香氛

喷雾香氛

蜡烛香氛

● 不同区域香氛布置

区域	性能	气味推荐	香氛布置	代表图片
客厅	客厅是会客的地方，也是家人相处的地方，不妨使用些清幽、森林的味道，既能体现主人家的品位，也不失舒适亲近之感。总之，客厅的气味应该是让人放松的	草香调——绿色草原的香气或绿叶的气味 木香调——具有森林气息 柑橘香——柑橘香或是热带水果香，活泼的味道让人缓解压力	芳香摆件——种类繁多，可以任由选择 地毯清新剂——用天然精油调制出喜欢的味道，加入苏打粉，再洒在地板上	
卧室	卧室是家里最温馨的地方，不妨选用温暖的香气，最好能够有助眠效果	檀香和薰衣草气味具有助眠的效果，是卧室香氛的不错选择 玫瑰的气息温暖可爱，会让睡梦中的你更有安全感	灯泡扩香——简易又特别的香氛使用方法，在开灯前把精油涂在灯泡上，开灯后利用灯泡的热度散发精油的香气 衣柜香囊——可以直接去香氛店购买。 香氛机散香——舒适安神的香氛产品，会让你有个美好的夜晚 香氛蜡烛——可以让卧室充满浪漫的感觉	
卫生间	卫生间是最易产生异味的地方，所以摆放的香氛最好能有清新空气的效果。千万不要使用木香调的香氛，因为木香调的动物香跟厕所的味道混合，会产生更难闻的气味	柑橘香、热带水果香、莓子香等果香调可以祛除异味	芳香摆饰——芳香珠、芳香盒，会让卫生间的味道保持芳香 香氛喷雾——可以在商店购买或者自制一支芳香喷雾，每隔两天喷一喷，能让卫生间保持较好空气效果	

第三节 案例解析

香溢花城

◎ 设计师：田薏筠 、徐娜

◎ 项目地点：中国上海

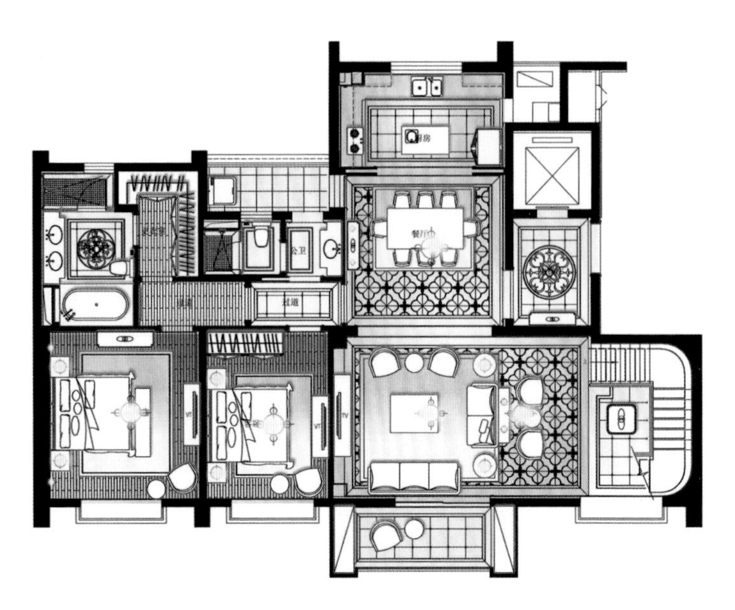

一层平面布置图

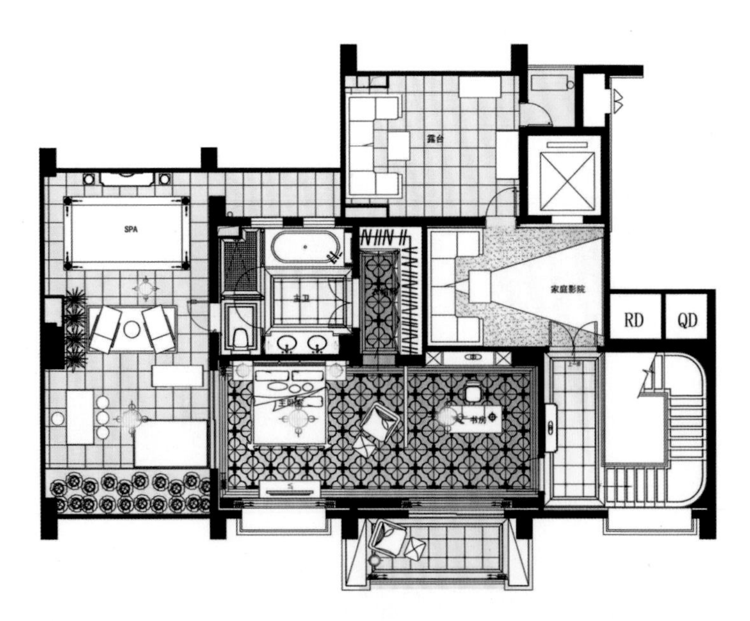

二层平面布置图

客厅整体干净敞亮，一侧的楼梯间让视觉无限延伸，再搭配有质感的法式软装配饰，客厅品质瞬间升华。设计师结合法式花纹、水晶吊灯、柔软的布艺等打造出全新的法式浪漫风格，从整体到局部，处处体现主人精致的生活品味。

餐厅在家具、布艺纹理、质感等细节处体现出法式的韵味，同时还加入金属线条元素，色彩高级清爽、明快细腻。

主卧书房是一个充满书香气息的功能空间，办公、阅读都可以在这里进行。这间与主卧相连的开放式书房，颜色以白色和杏色为主，搭配清爽。书椅与周边的墙面都是采用法式经典的象牙白色，家具上的雕饰经过简化处理，看起来不会过于繁复，给人一种简洁感。书架上的摆件精致且典雅，杏色的窗帘质地柔软、轻盈飘逸，增添了书房的柔美气质。

主卧整体设计简洁却精致，带有装饰的背景墙及布料、家具、花纹的点缀，加强了整个空间的层次感，无论是局部功能还是细节把控都面面俱到，处处彰显着主人的从容大气、优雅随心。

主卧卫生间以杏色为主调，四周的墙壁也张贴了杏色的瓷砖，地砖则是以浅米色和深棕色相拼接，形成富有层次感的图案。整个浴室以大理石为主要材质，非常有质感，线条简约，带来时尚雅致的法式格调。

软装赋予了女儿房浪漫优雅却又不失俏皮的小公主气质，淡雅轻盈的帷幔自然垂坠，甜蜜安静。粉色系公主的形象、香草冰激凌味的绸缎、织品和花簇塑造了法式独有的公主人设。

女儿房卫生间也延续了粉嫩的基调，晶莹剔透的水晶吸顶灯折射出富含韵律的光芒。

楼梯间串联起一层到二层的功能，楼梯设计简洁又时尚，在内部墙面粉刷着淡蓝色颜料，表面镶嵌着轻薄的木质护墙板，旁边是坚固的玻璃做成的围栏，通透又直观。墙壁上镶嵌的长条凹槽，在吊灯的照射下魅力四射。

精致的阳台一直是法式建筑的特色之一，大多精巧、浪漫。设计师将主卧阳台打造成了一个休闲区，主人可以在这里品尝一杯清茶，眺望城市夜景或者邀请好友在此聚会，又或是什么也不做，安安静静地晒晒太阳。

法式格调软装分析

打造要点	打造细节	图片
碎花元素	法式居室设计中常常出现清新的碎花元素，特别是在墙纸、四件套床品或沙发垫等布艺之中。在法式家居中，自然元素随处可见，比如变化多样的卷草纹样、缠绕舒卷的蔷薇、蚌壳般的曲线等，喜欢强调回归自然的田园之感	 
印象派装饰画	无论是现代法式还是传统法式，用印象派的装饰画装饰墙壁都是不错的选择。可以将之用于各个功能区中，表达出纯正西方艺术的魅力，也是一种展现西方文化的方式	 
整体与细节都追求精致	法式设计讲究将建筑融于自然之中，在设计上追求心灵的自然回归感。开放式的空间结构、随处可见的花卉和绿植、雕刻精细的家具，任何一个角落都能体会到主人的悠然自得和阳光般明朗的心情。既对建筑的整体严格把握，又比较善于在细节的雕琢上下功夫	 
鲜花点缀	鲜花是法国人生活中不可或缺的东西，是一份献给空间的礼物，如同精致的饰品，洋溢着魅力。每一束花，都是内心真心的呼唤，温暖着灵魂	 

绿城玫瑰园

◎ 设计师：田蕙筠 、徐娜

◎ 项目地点：中国上海

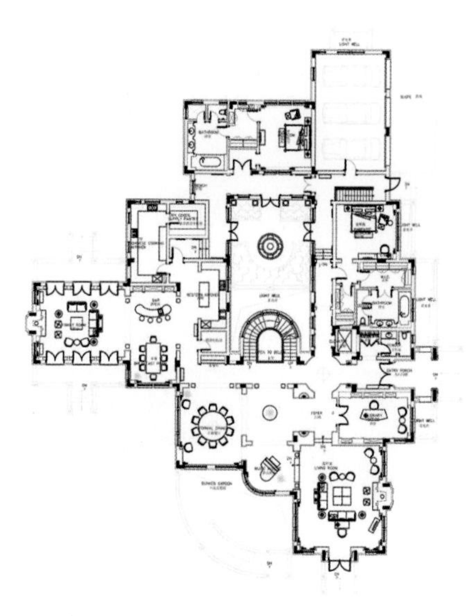

一层平面布置图

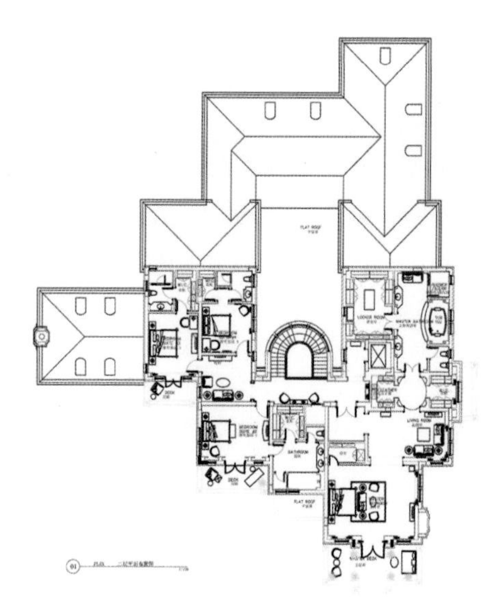

二层平面布置图

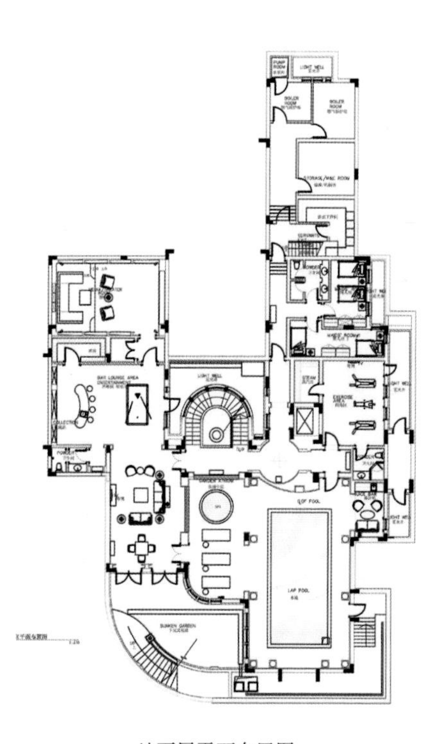

地下层平面布置图

一楼的入门玄关处，为客餐厅预留了足够大的缓冲空间。造型精致的玄关矮柜搭配法式宫廷装饰镜，高贵典雅。布局上突出轴线的对称，渲染出恢宏的气势。装饰华美的大理石雕花地面，营造出浪漫的法式风情。

一楼起居室延续了法式古典的造型，带精美的雕刻和穹顶天花。家具以金箔雕花、优美曲线为主，展现法式贵族的优雅氛围。设计注重细节刻画，白色、灰色、黄色为主要基调，非常大气，具有时尚、前卫的风范。时尚的家具、华丽的材质、精美的家饰摆放在不同空间巧妙搭配，呈现出华丽、气派的视觉感受。

正餐厅的天花造型方中有圆，而圆形的餐桌寓意圆润美满，彼此呼应。同时，特别配置法式餐桌椅，让餐厅区域布满乡村的休闲气息，尽管有些慵懒，可正是这样，享受晚餐也变得更加美妙。

艺术是生活的再现，也是情感的表现，一蔬一饭，亦是人们对生活保持热情的表达。在餐厅的设计中，设计师以美学强化法式浪漫的空间意向，高级定制的餐具与桌椅、品味卓然的艺术品、璀璨晶莹的灯饰，充盈了细节上的独到之处，共同演绎美学生活的雅致氛围。

一楼的早餐空间延续了客厅的色彩搭配，一致的材质与配色使一层空间更加统一。凹凸有致的石膏造型使空间层次清晰而富有节奏的韵律感。蓝色与咖啡色结合的窗帘为空间注入一席静谧，褪去浮华。

早餐厅秉持典型法式搭配的原则，散发着浓浓的古典气息，兼具浪漫气质。

吧台位于早餐厅的对面，用更加浓重的色彩凸显品位，提升艺术感。天花也选择了凹凸有致的石膏线条，搭配时尚精致的水晶吊灯，奢华感不言而喻。橱柜装饰面板与胡桃木的面板结合，使空间奢华而又不失温馨，再配以生机盎然的绿植，空间充满生机与活力。

一楼中厨结构呈现 U 形格局，暗红色橱柜和白色石英石台面呈现经典而不浮夸的搭配，出挑却又富含质感，为厨房也注入了生活美学的灵魂。

从某种意义上来说，真正的法式优雅，并不是夸张而奔放的张扬，而是属于高尚的品位和内敛的情怀，那是一种任何表象的花哨与浮华都无从表达的格调。一楼家庭厅采用温暖的米色作为墙面的色彩，大气豪华。地毯采用法式古典的样式，再点缀一些古典与时尚兼并的软装元素，整个空间显得清新而浪漫。

家庭厅是一个很特别的存在，代表着主人的精神面貌和个人品位，注重对细节的处理，家具上利用法式雕花、线条等，金色的点缀更加凸显贵族气派。利落、爽净的空间没有一丝累赘，墙面立体的石膏线条赋予空间法式的韵味，再通过饰品的搭配，营造出优雅、精致的氛围。

以米黄色为墙面背景的起居室，装饰猩红色古典雕花家具，跃动的色彩成为卧室空间的绝对主角，再搭配上精美的地毯图案，重塑洛可可式的极致奢华与品味。

书房采用了精致的石膏雕花吊顶搭配相对简洁的水晶吊灯，共同演绎着奢华的法式风格。地面深浅错落的木地板拼贴如同跳动的音符，为空间注入生动与舒适。

过道是各个功能空间的外在延续，华丽的元素随设计师的手笔蔓延至此间。古典柱饰的线条勾画、金色缀饰的融入、水晶吊灯的闪耀，串联起各个功能空间的法式浪漫情调，展开一场多维度生活场景的优雅洗礼。

二楼的主卧起居室是属于主人的，且私密性很强。作为主人进入主卧的缓冲，这里的陈设在质感上更显柔软温馨。

将一张书桌摆放在卧室里是非常实用的，可以为主人提供一个较为轻松的、可以进行短暂工作的场地，并且在结束工作后很自然地切换到放松休息状态。主卧的书桌与一楼的书房书桌还是有很大区别的，正规的书房更加严肃和正式。

进入主卧，设计师以温润、素白的主色诉诸于人的知觉，薄荷绿床背板复古点缀，营造诗意化的布局效果，用一种音乐艺术与空间设计共感的呼应关系衬托出房间的舒适氛围，提供一种新颖的审美视野，升华了生活意趣的体验深度。

主卧色调为葡萄紫，高档的法兰绒面料让睡眠空间更加柔软却不失浪漫优雅。

主卧套房 = 休息区 + 衣帽间 + 休闲区 + 主卫，这里是专属主人的私密空间，完美适用，独一无二美好的时光垂手可得。

主卧的超大卫生间充分展示了法式风格的奢华与享受。男女主人各自拥有独立的洗漱台，相互不会打扰。调高的穹顶、大理石圆柱、大型的浴缸也时刻彰显着生活的品位。

女儿房的定位最主要是打造成出一处想象的世界，一个在符号、形式面前更强调孩童身心感受的世界。用色上明快、灵动，充满童思遐想，交织、共奏一曲细腻、纯粹的儿童乐章，所构成的是孩童富饶、无垠的精神世界一隅。

粉色少女的天真烂漫点缀清澈的暖白色，女儿房的设计被这两种色彩甜蜜包围着，再搭配简洁的线条、造型可爱的家具以及柔软的地毯，让小公主尽享童话般的纯真天地。

二楼客卧里一抹柔和的浅灰蓝、大面积清新的白墙，营造出法式古典的浪漫情韵，奠定客卧优雅温馨的基调。以浅色为主色调，在视觉感知上与深色相比，是令人觉得较为柔和、舒适的配色，而少许亮色的点缀，使空间在和谐统一上更具视觉层次感，平添几许温度与生气。

整面法式花纹墙布让空间更显精美气质，糅合金黄调的富丽，以华美的形态散发着艺术美感。

客卧每一处细节都构成了韵律的和谐，恍若踏进华尔兹舞曲的乐域，轻柔的光影弥漫进来，一个旋转、变化的艺术空间跃然眼前。

这间客房多了一丝端庄沉稳和知性风范。香槟金勾勒的墙面暗纹将古堡油画衬托得更加空灵生动，高贵纯洁的蝴蝶兰花艺让岁月的芳华依然悠长。

另一间客房的设计中，色彩的运用稳重而克制，铺陈着调浓淡有致，通过设计的情景化再现，还原出法式古韵的优雅气质，缔造出居者自得其乐、怡情养性的生活方式。

地下层是另外一处具备自然照明的空间，设计师使用了更多的法式元素，比如米白色暗花纹的壁纸、精美的天花层次等，给人震撼的视觉冲击力。

主人的生活方式与社交圈层需求，除了宴会厅的展现，在地下层还设有棋牌室、桌球区、健身房、游泳池、影音室等供居者与亲朋好友相聚的休闲区域。在这里，人们可以释放个性、放松身心、享受生活。如果非要给这些空间一个曲调，那它一定是轻快飞扬的变奏。

地下层健身房镜面的处理既不会太刺眼，也让空间在视觉上扩大，更显宽敞。

● 法式格调软装分析

打造要点	打造细节	图片
法式灯饰	虽然水晶吊灯是很多欧洲国家豪宅、别墅的标配，但法国的灯饰更加注重本身的形态雕琢以及空间光效的营造，对大小反而不是特别在意。法式水晶灯一般会保留烛台设计，不过只是将蜡烛换成了灯泡，下垂的水晶串珠构成对称、圆滑的造型。除了水晶灯，法式灯饰还有许多不同主题的设计，譬如图片所示这款融合了彩绘玻璃艺术的法国灯饰	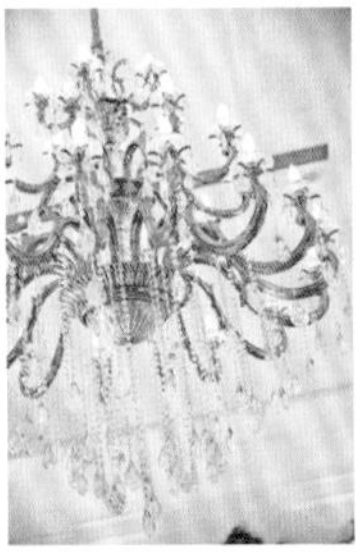 
充分利用冲突、对比的关系	法式风格崇尚冲突之美，尊重自然，不规定面积大小，有时会利用软装和家具间不协调的搭配来展现这种美感。喜欢采用混搭或对比的方式，打造出居住者的个性，营造一种浪漫而温馨的氛围	 
细节考究，注重美感	法式风格家居中搭配的餐具应与主体色调相配，同时选用具有艺术气息、别致而又浪漫的餐具为宜。细节处理方面，要求餐具的制作工艺精细考究，崇尚美感	 
窗帘色彩	法式风格搭配的方法中有一个不可忽略的重要技巧，那就是窗帘的色彩。一般来说，法式设计都偏爱在窗帘的用色上采用比较显眼的对比色系，像深蓝的大海色与纯白的墙壁结合，或者是素雅的窗帘与深色的家具对比，营造出一种浪漫迷人的氛围	 

意式轻奢设计

轻奢风格概述

软装文化及运用

案例解析

第一节
轻奢风格概述

意大利是文艺复兴的发源地，也是达芬奇、米开朗基罗、拉斐尔的故乡。作为众多奢侈品牌的诞生地，普拉达（Prada）、古弛（Gucci）、法拉利（Ferrari）等让无数人为之着迷。无论是服饰、珠宝、家具，还是饰品方面都有着对设计的独特理解和极致追求，并有一批批才华横溢的设计师用精益求精的态度来诠释奢华和时尚。这就是意大利，一个顶级工匠的聚居地，用设计来惊艳全球的艺术国度。

什么是意式轻奢？其实人们所谈论的，是这个国度背后所承载的文化。意大利在文化遗产方面，有着大量现存的千年遗迹。浓郁的欧式风情笼罩着一座座巍峨建筑，广阔的穹顶、精细的凿刻展现出匠人对细节的极致追求。巴尔齐尼在《意大利人》中说道："意大利的快乐来源于人的生活，我们生活的这个世界是为了自己，按照自己的尺度而建造的。"这种自寻快乐的意识也贯穿着许多意大利人的一生，因而也促成了无数优秀设计师的诞生，他们寻找着自己的灵感与快乐，大步前进。意大利设计并非一朝一夕所能成就，而是汇聚了古希腊与古罗马文化的历史沉淀，并在现代设计师们的创新中不断发展。它如同一部艺术美学与实用哲学的史诗，为世人呈现出惊艳全球的创新设计。

全球 80% 的著名家具品牌都来自意大利，米兰是世界公认的时尚之都，艺术与创造力流淌在这个国家的生命里。历史与当下映照，古典与现代融合，是独属于这个国家的魅力所在。意大利人的基因里，先天就带着创意，永远走在时尚前沿，家装设计亦是如此。以轻奢风格而言，从 20 世纪初就开始发展，直至今天，仍然活跃于大众视线，并且持续受到大家的喜爱。

生活品质的提升，促使我们去追寻更深层的享受，同时不失品位与高贵，这就是"轻奢风格"的设计理念。它代表了一种精致的生活方式，为使用者寻求更大的价值体验，这亦是未来家居设计的方向。

"轻"代表的是一种优雅态度，"奢"指的是奢华。意式轻奢风格将传统意义上的奢华化整为零，返璞归真，同时又给人时尚前卫、气质优雅的感觉。通过一些精致的软装元素来凸显质感，同时也浓缩着意想不到的功能与细节，从而彰显一种高品质的生活方式。意式轻奢风格传递着精致生活的最好姿态。

物质乃现实生活本能的需求，而轻奢主义则是其中的平衡点。意式家居向来走在时尚家居的前沿，既能玩得起古典的繁复设计，也能设计出简约的时尚感。从巴洛克的古典华丽到意式现代的极简时尚，意大利家居透露出一种对高品质的执著追求。而现在，意大利家具在现代简约格调的席卷下，开始追求时尚、个性化的轻奢主义。

一、轻奢家具

意式轻奢家具把艺术与功能结合得十分紧密，保持简约特点，在满足产品功能性要求中追求审美属性。每一个看似简单的设计背后，无不蕴含着极具品位的贵族气质，而这些气质往往通过精致的软装和细节呈现出来，让人在视觉和心灵上享受到双重的震撼。

虽然轻奢风格注重设计手法上的简洁、大气，但并非忽视品质和设计感，而是通过材质上的奢华，不着痕迹地透露出对精致、考究生活的追求。家具的线条以简洁利落为特征，在造型装饰上都进行了合理的简化。软装本身丰富的肌理、触感都保留了原有的样子，搭配着舒适柔软的布艺、富有光泽的皮质等，为空间带来独特的个性。

家具大多会选用优质的真皮和实木，除了材质本身的稀缺性，同时也兼顾到了环保问题。极少使用胶合剂，加工时选用的辅材也较少，尽量减少家具对室内环境造成的影响。细节方面注重品质感，通常家具使用的寿命都很长。

意式轻奢家具的造型使用大量精巧、优雅的弧线设计，富有韵律之美，温文尔雅、卓越超群。其颇具前瞻性、不拘一格的设计理念，正好迎合了新贵一族的审美品位。

轻奢家具

抛光大理石餐桌面

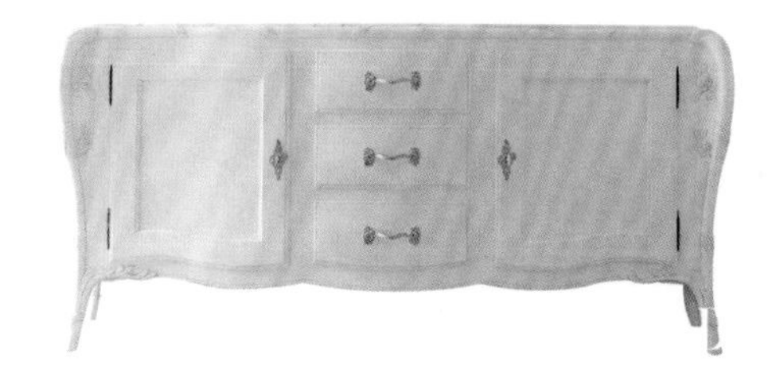

SAIVO 边柜轻盈纤细

具传统构图雕刻纹样的 Joint 高脚柜

金属元素在轻奢风格的家具中是必然的存在。在软装设计中，可以通过巧妙的混搭与组合，让空间的奢华感上升到一个新高度。金属材质天生具有一种奢华感，也容易打造高级感，但是使用一定要适当，以免过犹不及。温润自然的木饰面虽然有一股与生俱来的朴素气质，但是恰到好处地运用，也会在简单中营造出奢华感受。

丝绒是穿在房子身上的高级材质，具温暖、实用又奢华的感觉。复古的丝绒沙发，兼备时尚和复古的双重气质，一条丝绒毛毯也能给冬夜带来温暖，还有丝绒的抱枕、床品等都是不错的选择。其特色的光泽和舒适的触感，带着慵懒又不失优雅的时髦，通过不同材质特立独行的搭配手段，在奢华与质朴、庄重与轻松之间达到独有的平衡。玻璃、玫瑰金、钨钢等闪亮元素的使用，能表现装饰主义和古典主义的风潮，是奢华主义的重要表现手法，但要注意拿捏有度。

在意式匠人眼中，家具无非就是大件的奢侈品。它对奢侈品牌元素的运用，也一度令人叹为观止。只要你能想到的经典元素，总能在意式家具中找到它的原型。用打造奢侈品的心态打造家具，这便是意式轻奢家具的设计态度。

二、轻奢色彩

色彩的演绎就是都市人们对向往生活的一种表达，它对空间氛围的营造以及人的感官情绪都有着不可忽视的作用。在意式轻奢风格中，设计师往往采用经典的黑白灰、暖调奶咖色、米杏色与原木色来呈现优雅大气的空间格调，在视觉上取得平衡与统一。

在色彩中，驼色、象牙白都是倾向于高雅类型的色系，非常简约、时髦且奢华，运用在家居设计中，能够呈现大气温婉的格调。局部运用黑色、炭灰色形成色彩上的对比反差，再加入跳跃的亮色加以点缀，将轻奢的气质最大化彰显。轻奢风在色调上往往是以平静、冷淡的中性色调为主，但一些充满吸引力的亮色点缀也在视觉上起到强有力的冲击效果，让家居空间充满生机和活力。

除此之外，意式轻奢风格很大的特点在于它不满足单一色彩的呈现，而是打破千篇一律的搭配方式，在简约的风格元素中凸显色彩层次感。巧妙的色彩搭配，能够彰显出风格别致的魅力，实现一种“低调的奢华”。

高雅色系的驼色、象牙白

● 轻奢风格代表性的色彩组合

色彩组合	组合意向	实际呈现	色彩阐述
高级灰 + 蓝色 + 紫色 + 金色 + 黑色			色彩将高端奢华的格调十分直观地展现出来，将视线紧紧凝聚。高级灰墙面与石膏线条的结合，将现代感与格调巧妙呈现，蓝色、紫色布艺家居则渲染出一份高雅与神秘的味道，配合着高级灰的基础色，整个居室色彩灵动而富有层次。金属饰品的装饰以其华丽的色泽提升着空间的质感与触感，将整体的格调再次加强
高级灰 + 红色 + 白色 + 蓝色			撞色的应用有着极为惊艳的吸睛作用，沉静浓郁的藏蓝与明亮张扬的中国红及橘红色的搭配，在这个空间中发生着巧妙的张力联系，并在烟灰色壁纸、地毯等中性色的映衬下，更加鲜活明朗
古巴砂 + 蓝色 + 绿色 + 高级灰			内敛式的典雅与现代式的摩登将这个餐厅装饰得精致而优雅，居住在如此美丽的空间中，必是人生一大幸事。古巴砂色肌理壁纸呈现着天然材质般的自然感，结合水蓝色几何窗帘与线条感十足的冰川灰家具，淡雅的背景色彩令整个空间的视感变得平和而沉稳

续表

色彩组合	色彩组合意向	实际呈现	色彩阐述
黑白 + 帝国黄 + 金色			简洁的装饰也可呈现轻奢的质感，在这套案例中，造型感时尚而用材华丽的装饰品遍布了整个居室，配搭着高端、摩登的配色，整个空间奢美而诱人。有着明亮视感的帝国黄色沙发可谓是整个空间的点睛之笔，颇为灵巧地装饰出一份前卫与风雅
魅影黑 + 白色 + 红色			奢，有着千万种的表现形式，可以是直观的张扬，也可以是内敛的低调，就像这套案例设计，整体以黑白色为主，大面积的应用营造出沉静低调、高雅的质感氛围，且黑色背景与白色沙发组合的配搭手法，也令整个空间的视感进退有度 玻璃、铁艺等现代材质的应用固化着整个空间的质感格调，而极光红色晕染的挂画则犹如石子入水，并没有影响整体的观感，但荡起的涟漪又不容忽视，为整个居室带入了灵动与活力的情绪

三、材质与造型

意式轻奢风格主要表现为一种带有理性和温度的美学风格。它虽然摒弃了过度华丽的装饰，也没有多余的造型，但与北欧风的“性冷淡 ”依然有着明显的区别——在张力十足的线条勾勒、层次丰富的材质运用以及质感奢华的装饰细节下，为居住者带来一种奢雅的生活体验。

轻奢风格大多以简约的硬装设计为基底，采用自带奢华气质的大理石、金属、玻璃、镜面等元素，为空间缔造出丰富的层次感，从而彰显了一种高品质的生活格调。整个空间蕴含大量的设计细节，带有一丝令人着迷的精致气质，注重空间内气场的重量感和体积感，松弛有度，张弛有力。

而温润质朴的木质元素又与镜面、黑钢等材质相得益彰，不仅有利于平衡空间气质，更展现了一种别具格调的艺术之美。大理石与黄铜元素的搭配也堪称画龙点睛之笔，一个冰冷自傲、贵气逼人，一个复古精致、温情满满，两者的结合成就出一种很高级的设计方式，不仅可令整个家居增色不少，也可将居住品质提升不少高度。

无论是对最新色彩的把握，还是对最新材质的运用，意式轻奢永远走在前沿。材质永远不是禁锢，人们可能想象不到，石材、象牙、玻璃、黄铜、PVE 甚至是纸质，都有可能是意式轻奢的选择，仿佛在意式设计师的眼中，就没有不能做家居产品的材质。这是意式轻奢给人最大的印象，不同于其他风格对一种材质的极致运用，意式轻奢非常“多情”，在它眼中，只要能用得上的，都可以属于它。在同一种色调的空间内，由于材质本身的质地不同，让空间的色彩效果也不同。一些通过木材等传统材质无法表现的色彩感觉，你都能在意式家居中找到踪影。

轻奢材质造型

轻奢氛围里不同材质的运用

四、轻奢装饰品

为了突出个性和美感，意式软装选择的装饰品往往特别考究，综合的设计才能展现整个空间的调性。每一件艺术品都紧扣整个设计主题，互相联系，有节奏地融于一体。没有过多材料的堆砌，通过简洁的造型、完美的细节，营造出时尚、前卫的感觉。

意式轻奢装饰品既重个性，又重创造性，不主张纯粹的高档豪华，而着力表现区别于其他住宅的东西。优雅精炼，低调简洁，追求品质，不炫耀、不骄奢，只享受生活原本的美好。高品质的私人空间并不需要过度烦琐的装饰，只需要少数与众不同、别具一格的小物品来彰显自己的品味与审美就已足够，这些都将成为室内空间的点睛之笔。

强调以现代与古典并重为设计原则，通过古典元素以现代手法呈现，是意式轻奢装饰品的重要特征。饰品陈设的目的是为了品味生活，除了满足目之所及的奢华视觉之外，满足身心感受也是至关重要的。有人做了一个比喻，在寒冷的冬天里，一张顶级的舒适羊绒被能带来极其温柔的呵护，这正是奢华风格欲达的境界，希望在没有任何束缚和压力的环境中，打造一片能让身心完全放松而又感到无比舒适的温馨环境。

具有个性和美感的工艺品

古典雕塑和现代金属元素组合

抱枕和毛毯打造出舒适的居家氛围

五、轻奢灯具

人们都说灯光是魔术师，可以改变居室氛围，而灯具则是艺术品，可以陶冶情操，增强空间设计的艺术效果。意式轻奢生活的营造是需要艺术感的，灯具可以在兼顾照明的同时还能作为一件艺术品，让人们在生活中感受美的熏陶。

真正的意式轻奢灯具是由内而外用细节去雕刻质感，例如吊灯，可以考虑铜质与水晶玻璃材质，两者的结合加上完美的工艺，可以打造与众不同的质感，为空间加分。好的灯饰就像奢侈品一样，珍贵之处在于其凝聚的匠心，从设计师的奇思妙想到手工师傅的精雕细刻，再到质检工人的严格把控，每个环节都体现着灯饰的艺术价值。

100% 纯黄铜的塑型是很难做到的，因此对灯饰形状、工艺的要求非常高。优质的全铜灯色彩均匀牢固，覆膜工艺的运用使其基本不会有褪色和掉块的现象。如果整体家装较为华丽，不妨选择全铜灯与之配套。全铜灯基本以金色为主色，较为华丽大气，优雅百搭。意式轻奢灯饰将“轻奢华，新时尚”的艺术风格发挥到了极致，既简洁又充满个性的设计烘托出雅致而浪漫的氛围。

铜质与水晶玻璃材质组合的吊灯

意式轻奢灯具依旧保留古典灯具常有的华丽配色，传达欧式特有的内敛特质与风情。其追求的是诗意，力求在气质上给人深度的感染力，呈现皇室贵族般的品位，为追求有品位、有内涵的都市年轻人打造出一种现代生活氛围，更是一种新的高贵生活模式。

不同于传统古典风格的繁复，意式轻奢风格的灯饰线条简洁明快，科技感、未来感十足。如果空间整体装饰较为简单，那么不妨购买线条感与科技感较强的款式。选择这样的款式能够快速提升整体装修的格调和档次，利落的线条也能成为整个场所的画龙点睛之笔。

轻奢主义的吊灯造型设计极具想法，个性独立又有别于传统风格。其高亮光灯体彰显优雅态度，由内而外散发时尚的气息，以高品质、设计感、舒适、简约为特点，让整个房间的气质大大提升。

意式轻奢风格的灯具造型可以完美融合在极简主义、现代、古典等各种风格的空间里面，颜色和造型千变万化。它们所代表的是一种经得起时间变迁和时尚变幻的风格，与时俱进并且经典永恒。

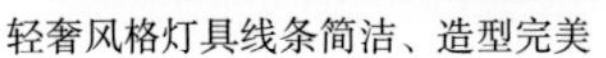
轻奢风格灯具线条简洁、造型完美

第二节
软装文化及运用

一、时尚文化

1. 文化特点

长期以来，只要一提起意大利，首先映入脑海的，除了其悠久的历史，更多的就是时尚奢华的文化氛围了。意大利是一个和时尚永远相连的名字，它几乎成为世界上最高品质、最佳设计、最优材质时装和配饰的代名词。

意大利的时尚文化代表了一种经典的生活品质，一种执着的生活态度，一种对现代生活方式的尊重。历史上，意大利米兰、罗马都是王公贵族聚集的地方，达官显贵们对生活细节的挑剔，认为只有昂贵、优雅的物品才能衬托起他们的社会地位。设计师想要获得贵族们的认同，除了在创意和艺术上耳目一新，还必须在用料和工艺上一丝不苟，久而久之，这种坚持也就成就了时尚设计。同时，奢侈品逐渐获得顶层贵族的认可，品牌形象也开始确立，直到如今，没有人会质疑这些意大利品牌在奢侈品行业的尊贵地位。

意大利时尚含括的范围非常广泛，家居、娱乐、餐饮、服饰等均囊括其中。悠久的文化和历史造就了意大利的时尚根基，从古罗马帝国到中世纪时期、文艺复兴、意大利王国，再到后来的意大利共和国。不同的历史背景，启发了意大利人丰富的想象力，也造就了设计师的开放性和创造性。浓厚的文化氛围是意大利设计最突出的特点，他们的设计自成一派，风格独特，而且工业设计也非常出色。

意大利著名的米兰时装周就是从 20 世纪 50 年代开始的，经过几十年的飞速发展，如今意大利制造已成为品质的保证，它精工细作又不断创新，是现代时尚的典范。意大利的设计艺术闻名遐迩，它的手工艺不但保存完好，而且拥有强大的生命力。所谓高端，不仅要材质好、设计出色，更重要的就是工艺。而手工艺绝对是意大利的一张王牌，甚至是招牌。

米兰时装周

意大利人对美的嗜好是投向身边所有事物的，古典的建筑，丰富的艺术，华美的服饰，色、香、味俱佳的餐饮……就连路边生长的各式花草也要拿来重新摆弄，巧妙组合一番。容不得平淡无奇的意大利人，继承千年帝国不衰的雍容，懂得撷取无处不在的美物，将意大利的每一处都打造成独特的美学殿堂，这或许就是意大利时尚文化风靡全球的秘密所在。

2. 设计运用

（1）奢侈品牌衍生出来的时尚装饰品

时尚界令人心驰神往的奢侈品牌也将触角伸向了家居圈，比如阿玛尼家居、芬迪家居等。阿玛尼品牌延续了其一贯的简约优雅风格，最受时尚新贵们的喜爱，家居设计充满了禁欲气质，全手工打造的精致感丝丝入扣。芬迪家居一直致力于特有的设计风格，其对卓越品质的坚持，改变和影响着世人对居家艺术的观感。

不同品牌的时尚元素被注入到意式轻奢的家居设计之中，曾经以昂贵的原材料、精细的手工制作、高端的私人订制等特点作为标签的时尚品，越来越多地以现代概念、化简去繁以及关注生态、提倡环保的新风尚出现在我们的生活之中。

华而不实的设计对于普通人而言并不是很有需求，注重使用与美观度的结合才是时尚的、大势所趋的设计走向。实用功能是家具设计的重中之重，因为家具不单单是因为好看才买的，更重要的是它能为生活提供许多的便利，美观与实用并存，才是最适合的选择。

原木色系的小桌板打开后可以充当书桌

范思哲（Versace）向来是奢华的代名词，秉承品牌“致命的吸引力”的核心理念，范思哲将美杜莎式的符号艺术运用到每一件作品中，这种模式在家居生活中也得到源源不断的演绎。

范思哲将配色玩得尤为纯熟，又有着极其鲜明的设计风格和极强的先锋艺术，当美艳和新颖糅合在一起，总能带来最具奢华的极致魅惑，让家居变得性感非凡。

一直以来，复古童话风成为古驰（Gucci）别具一格的品牌特色。它们妖娆、妩媚、独特，善用造型怪异的动物图案和经典的刺绣元素，给家居空间增添别样的异域风情。

除了延续品牌天马行空的美学想象力之外，该品牌的家饰系列还充满了质感，因为它们都是由佛罗伦萨著名的瓷器品牌 Richard Ginori 制作生产的。 Richard Ginori 生产的瓷器有着非常强烈的个人风格，而这个风格正好跟古驰的格调相契合。

古驰的饰品收纳盒

范思哲精品瓷器系列

镂空图案是范思哲最有代表性的美杜莎头像

（2）奢侈品牌衍生出来的时尚布艺

意大利的时尚服饰品牌中不乏皮草的身影，而皮草元素也开始在轻奢风格的设计中逐渐流行。皮草，无论是视觉还是触觉，都给人温暖、自然的直觉感受。

芬迪（Fendi）品牌最广为人知的便是奢华皮草，芬迪家居的诞生，则将奢华融入到生活的细节之处，用皮草打扮世界上最美好的地方——家。芬迪家居依旧承袭着芬迪最本质的奢华衣钵，将时装新锐、前卫的风格潜移默化地引入到家居产品之中，大量运用了皮草、皮革、绸缎、印花的织物等，单是压纹就有鳄鱼压纹、蜥蜴压纹、蟒蛇纹、鱼纹等数十种。

当然，仅仅依靠皮革材质是远远不够的，如何搭配这些高级元素，才是奢华的更高境界。芬迪家居传承了芬迪时尚王国卓越的皮革手工艺，比如大家熟知的马鞍针法，就是采用两根针、一条线的工艺，非常坚固美观，让美学在家具的细节中展现得淋漓尽致。

可见，芬迪已经把时髦当成了一种思维方式，将他们对美的哲学和华贵融入生活中的点点滴滴，用时间见证了优雅、卓越的工艺和锲而不舍的精神，带来一种奢而不俗的绝美观感和家的温度。

阿玛尼（Armani）品牌一贯的态度就是“奢华必不可少，但不过分张扬”。作为时装大师Giorgio Armani，对面料的敏感也充分体现在他的家居布艺作品上，怀旧中透露出未来感觉是其最鲜明的特色。另外，张扬的层次结构、太阳图案和金色绚彩，又使阿玛尼家居在璀璨之外还拥有扣人心弦的低调华丽。

面料以细腻的触觉，取代传统居家设计

莫兰迪色系皮革沙发

中专注于造型变化的视觉与使用者沟通，材质的选择上精于细节，从简约风格中沉淀出一种经典的感觉。在制作工艺方面，以纯手工打造，用大气度的设计语言简化线条，摒弃繁复的雕花镂空，也摒弃华丽的镶嵌，去繁求简后追求一种简约的精致，呈现装饰与设计两者完美结合的形态。

天鹅绒的布面、坐垫精美的刺绣，这些都是古驰（Gucci）家居面料的吸睛点所在。古驰家饰从印花到图案，大量借鉴了成衣系列中的众多元素，和品牌素有的风格和谐相融。高级的面料和独特的平面设计图案，呈现出古驰奢华复古的特点。

古驰的设计美学带有一种古怪的浪漫文学风，浓烈的个性化元素独树一帜。有着天鹅绒坐垫的椅子是古驰家饰系列的亮点之一，其饱和色调的木质座椅美得像是文艺复兴时期的摆设，动物图案的呈现也是标志之一。

阿玛尼家居面料

芬迪的鹅黄色和双拼花靠枕

二、美食文化

1. 文化特点

意大利与中国一样，不仅有着悠久的历史、灿烂的文化、雄伟的建筑，更是著名的美食王国。意大利美食被称为“西餐之母”，也许有些法国人不愿意承认，但法国菜的始祖就是意大利菜。公元 1533 年，意大利公主凯瑟琳下嫁法国王储亨利二世。当她从威尼斯去往法国时，带了 30 位厨师前往，并将新的食物与烹饪方法引介至法国。大家熟悉的意大利美食有面食、比萨、调味饭、香醋及意式冰激凌、咖啡等，但千万不要以为意大利美食仅限于这些。相反，意大利的菜式非常丰富，不同地区、不同市镇都各不相同。意大利美食与其他国家的不同之处，就在于其选材十分丰富，并可随意调制，精髓在于表现自我。

意大利饮食以味浓香烂、原汁原味闻名，烹调上以炒、煎、炸、红焖等方法著称，并喜用面条、米饭做菜，而不作为主食享用。意大利人吃饭的习惯一般在六七成熟就吃，这是其他国家所没有的。喜吃烤羊腿、牛排等口味醇浓的菜式，各种面条、炒饭、馄饨、饺子、面疙瘩也爱吃。意大利的美食如同它的文化一样高贵、典雅、味道独特。精美可口的面食、奶酪、火腿和葡萄酒使其成为各国美食家向往的天堂。

“在意大利，没有意大利菜，只有著名的乡土菜。”历史上的意大利在很长时期都为城邦分治，这些城邦与区域之间的烹饪风格迥异，直到公元 1861 年才统一建立意大利王国。因此，现代意大利美食中的不同风格与差异，便不足为奇。

意大利美食集各家之长于一堂，一般而言，北意大利菜与法国菜相近，多用乳酪、鲜奶，南意大利菜则多用番茄、橄榄油。因为临近法国、瑞士、奥地利、南斯拉夫等国，意大利菜多少受到这些国家菜系的影响，北意大利的美食 Culash 就深受南斯拉夫影响，苹果派 Strudel 有德国、奥地利的风味，南西西里岛的 Cuscusu 则属阿拉伯风味。

品尝一个国家的美食，就像在解读一个国家的历史和文化。因此，美食之旅带给旅行者的不仅仅是感观的愉悦，还有味蕾上意犹未尽的回味和精神上的充实享受。

对意大利人来说，美食不只是为了果腹，更是生活中重要的组成部分。意大利菜系能够在世界上享誉盛名，就是因为他们尊重食物且乐于研究美食的态度，其内容的丰富程度不亚于文艺复兴的成就。

意大利通心粉，是意大利面的一种

2. 设计运用

（1）西式厨房

意大利的厨房文化在意大利乃至整个世界，都占据着重要的位置。意大利的厨房，就如享誉国际的意大利菜一样，对世界各地家居的厨房设计也产生了深远影响。悠久的历史和丰富的文化艺术，使意大利的设计人才辈出，同样的材料、同样的环境，经过这些设计师之手，一间普通的厨房立即就变成了一个艺术品，他们充分利用空间，造型各异的抽屉、隔板使各类厨具各就各位，使用起来特别方便。

西式厨房尊重人体工学的尺寸，在本质上让烹饪工具的使用尽量适合人体的自然形态，让人们在厨房的操作过程舒适一些。操作台的高度会因使用者的身高、姿势、习惯等而有所不同，但至少需要 800mm。餐桌与座椅的高度因人而异，大约是 720mm。中岛台与主厨台之间的宽度要留足 120mm，才可以保证两边的橱柜同时打开。水槽与灶台应有 600~900mm 操作的必要距离，以免相互干扰。

无论是整体厨房还是炉灶加橱柜的厨房，意大利家庭的厨房给人突出的印象总是收拾得十分整洁，几乎都是一尘不染，这一方面与其烹饪方法有关，与中餐炸、炒、煎有很大区别，但更重要的还是意大利家庭重视厨房的清洁。而让厨房保持干净的秘诀绝不单单是烹饪少油的原因，想要打造一个心仪的厨房天地，整理是必不可少的，事先设计好收纳空间和整体格局也很重要。

开放式厨房的视野更加开阔、通透

西式厨房能让厨具融入居家生活之中

（2）餐桌陈设

餐桌是社交礼仪中的重要元素，餐具与器皿的放置和使用关乎用餐者的身份地位，这种潜规则的餐桌政治，在哪种文化里都存在。餐桌的摆设常常会影响客人的用餐心情。

餐厅中的其他软装饰（如窗帘等），应尽量选用较薄的化纤类材料，因厚实的棉纺类织物极易吸附食物气味且不易散去。在蜡烛与花卉的选择上，要做到既保留了自己独一无二的审美，又不会显得过分出众。

餐桌上的插花可以起到很好的装饰作用，但要注意插花的高度，以免遮挡住了客人视线，让交谈变得尴尬。一般来说，插花或盆花的大小应与餐桌的大小成正比，四人餐桌适宜摆放盆径 12~14cm 的盆花，而更大的餐桌，盆径应相应增大，并适当选择花型稍大的品种。

（3）餐具的选择与摆放

精致的生活要落实到每一处细节，而所谓的品味更是要见之于细微之处。单就那一方餐桌，小天地里就有大学问。就用餐的氛围和礼仪来看，意大利人喜好融洽自在的就餐气氛，主人通常都会准备丰盛的食物来招待客人。正式宴会上，对饮酒特别考究，按照习惯，每上一道菜便配有一种不同的酒。用餐时，意大利人喜欢细嚼慢咽，加上每餐必饮酒，因此他们的用餐时间往往都比较长，一餐花上两三个小时司空见惯。

餐具的摆设需遵守“不过三”的原则，即餐盘左右同时不摆放超过三套同性质的餐具。超过三套时，用完收走后再补充，而不是一次全部摆上去。餐具是照其上菜的顺序而放的，先由外向内取用，最先上的菜式所用的刀叉摆放在最外面，越里面的餐具代表其对应餐点在最后才上。

基本的餐宴并不复杂，餐具从左向右包括叉子、纸巾、餐盘、刀、勺。另外左上角是放面包的盘子和黄油刀，右上角是酒杯。不要把黄油刀和吃饭的刀搞混，黄油刀没有刀刃，扁平得像个小铲子。另外，刀刃要朝着里面（朝着盘子）放，这个准则在各种西餐场合都是一样的。

家常餐宴主要用于家人、朋友间的聚会或是节日的聚餐，菜品一般会比平时多出几道，餐巾往往放在餐盘中间，也可以放在叉子的左边或者垫在叉子下面。叉子升级到两把，一大一小，小的是用来吃沙拉或者前菜的，大点的用来吃主菜。虽然叉子升级了，但是刀的作用不变，可以贯穿整个餐饮过程。

家里一般会准备一些甜点和汤，所以也

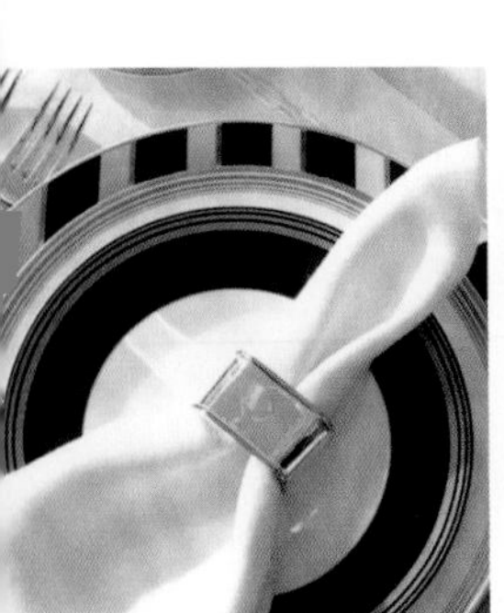
餐巾装饰

碟花

大型餐桌花艺、烛台

小型餐桌花艺点缀

就多了把甜点用勺（或茶匙）。杯子多了水杯，方便主客聊天使用，和酒杯一起依然还是放在右上方的位置。

餐巾的主要功能是防止食物弄脏衣服，以及擦掉嘴唇和手上的油渍，注意千万不要拿来擦脸，更不可拿在手中乱揉，这样既不卫生又不符合餐桌礼仪。

用餐时，应右手拿刀、左手拿叉，使用时叉齿朝下，以拇指与中指捏住刀叉柄，食指下压控制力道。使用刀子切食物时，要先将刀子轻轻向前推，再用力来回同时向下切，这样就不会发出刺耳的声音了。享受食物时，最基本也是最重要的礼仪，就是咀嚼时千万不可发出声音，那是非常不雅和不礼貌的。

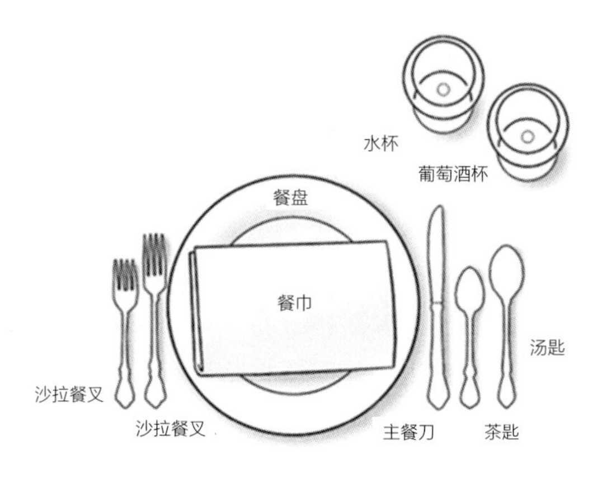

家常餐宴餐具摆放

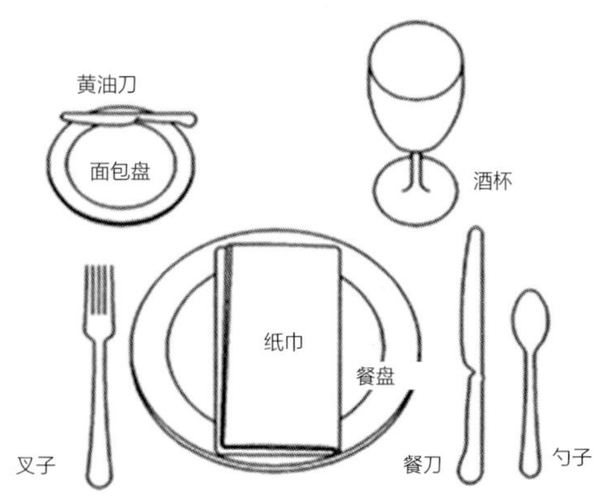

基本的西式餐具摆放

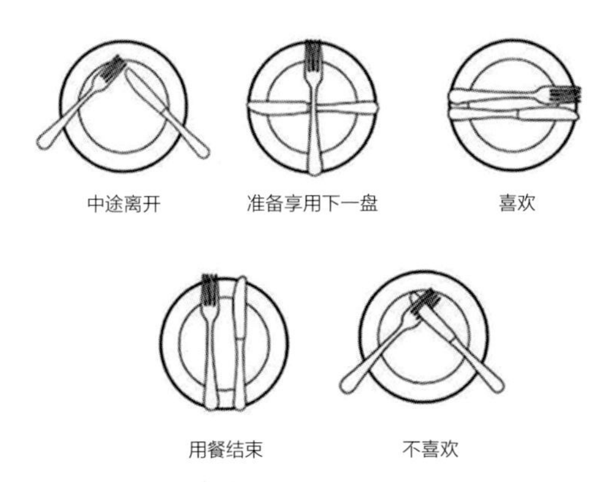

餐具不同的摆放方式代表不同的含义

三、古典宗教信仰文化

1. 文化特点

辉煌的古典艺术传统使意大利成为真正的艺术圣地，是意大利人的精神追求。徜徉在意大利街头，那些路边的理发师、修鞋匠和卖菜的小贩，随时都有可能即兴来一曲嗓音洪亮、充满激情的歌剧咏叹调，让人叹为观止。穿戴隆重地欣赏歌剧、虔诚专业地品味名画等早已成为意大利人生活的一部分。意大利人的精神追求不仅表现于此，同样也表现在穿着考究的品质样式、强调生活的诗意休闲以及欣赏工作的创意和想象力等。可以说，在意大利，丰富的艺术得到了淋漓尽致的展现。

中世纪时期，意大利曾是基督教世界的中心，如今仍是天主教的教廷所在地，90%的意大利人都信仰天主教。宗教在意大利有2000多年的历史，对意大利的政治、经济和文化都产生了深远影响，历史上不计其数的绘画、雕塑、文学等传世之作都取材于宗教内容。对于大多数意大利人来说，对宗教的热衷，与其说是出于内心信仰，不如说是出于传统习惯。

当世界各国的游人为意大利的伟大艺术赞叹不已时，意大利人也常常以此为自豪，因为世界上最伟大的艺术品有40%是在他们的土地上。意大利人深知这些艺术瑰宝是他们民族灵魂的一部分，辉煌的艺术成就成为凝聚意大利人民族意识的黏合剂。

宗教作为意大利人生活中的重要部分，教堂遍布城乡各地，也成为城市的重要组成部分。教堂作为一种重要的文化载体，跟随时代的发展，在历史文化上扮演不可或缺的角色。历史留下了许多著名的教堂建筑，在众多表现手法中，光与影一直是建筑艺术表达的一个重要手段，近年来更是成为设计师们的热门话题。

米兰大教堂内部

2. 设计运用

无论是东方还是西方，每个时期的艺术作品都是与该时期的宗教发展有着密切联系的。抓住这个特点，就可以通过某一作品的艺术特征来推断其创作的特点和背景，比如打造意式轻奢空间的时候，选择意大利教堂中的穹顶元素可以起到画龙点睛的作用等。教堂空间一般都是挑高的，给教徒威严、神圣之感，而运用到现代室内设计中，可以凸显出空间的立体感和通透性。

（1）玻璃彩绘

意大利的教堂吸引着成千上万的游客前往参观，不仅仅是因为教堂宏伟的建筑风格，还因那唯美的彩绘玻璃。相传，彩绘玻璃的应用始于公元 7 世纪，罗马式教堂与哥特式教堂兴起之后得到充分发展，许多玻璃画面内容丰富，叙述着传说中的故事。教堂对光线的强调体现了美学与神学的统一，玻璃上如宝石般的色彩来自工匠们在制作时融入了金属钴、锰、铜等氧化物。意大利的匠人通过传承千年的手工技艺仔细打磨着产品，就是为了能使彩色玻璃和家具得到完美结合。

玻璃彩绘艺术，最常见到的地方是宗教建筑，比如教堂和修道院。不同光线可营造出不同氛围，当阳光照射至玻璃时，效果璀璨夺目，而夜里从建筑内射出来的彩光，更是抓人眼球。除了宗教建筑，博物馆、私宅、餐厅、酒吧，甚至是灯饰和镜子等，越来越多地开始镶嵌仿制彩绘玻璃，其中不少只有颜色没有图案，更多的是希望透过彩绘玻璃，在现代设计中营造出中世纪的氛围，或是把彩绘玻璃当成艺术品来欣赏。

传统的意大利教堂大部分采用白色大理石砌成，窗细而长，上嵌彩色玻璃，光彩夺目。其高大的尺度为光线提供了充足的空间。在意式轻奢空间里，光影本来就是表现建筑的最佳元素之一，光感的创造除可使用新型彩色玻璃透射出迷离的射线外，还可通过透光天窗投射仿佛来自天堂的圣洁天光，又或者用窄侧窗来营造炫光效果，唤起人们对传统宗教空间的记忆。这些光感的出色运用创造了适合沉思冥想的神秘空间气氛。

鉴于彩绘玻璃属于一种特殊的工艺，图案的设计需要考虑到技术的可行性，终极目的是要在光线透过时表现出来，感受到空间中由彩绘玻璃装饰带来的光线美感。

彩绘玻璃元素的装饰柜和屏风

彩绘玻璃装饰的空间隔断和玻璃窗格

（2）手绘壁画

每一个手绘作品都是不朽的艺术品，每个系列都可以感受到设计师与工匠倾其所有的灵魂之光。顶级技艺，经典传承，技术精湛的画师将各式图案手绘在壁纸底材之上，为人们营造出生动、明亮、有活力的室内环境，让他们逃离世俗的纷扰，给他们带去幸福，并且不受时间和地点的限制。

宗教内容的手绘壁画为墙面及天花增添了色彩与亮点，石膏雕像与浮雕为意式空间带来典雅的气息。穿越时光的隧道，一幅幅古老而灿烂的意大利文明画卷展现在眼前，那充满灵气的宗教元素、精美的雕刻和绘画不断演绎着它们的极致风情。意式轻奢空间对细节的要求精致、华美，装饰品做工细腻考究，烘托出华贵的家居氛围和温暖的色调，一切都让人感到亲切而熟悉。

（3）手工制作产品

与其他国家传统工艺衰落的情况相比，意大利的手工艺不仅保存完好，而且拥有强大的生命力。其俨然成为高端产品的代名词，受到名流的追捧。而所谓的高端，除了材质好、设计出色，更重要的就是工艺。

意大利的手工艺之所以传承完好，有多方面的原因。从 1494 年法国军队入侵开始，意大利便开始了不断被外族入侵的历史，德国人、阿拉伯人、法国人、西班牙人和奥地利人都曾经踏上过这片土地。当时，意大利一直处于分裂的局面，直到 1861 年意大利王

手绘壁画

国建立后，先后从外国统治下收复各地，于1871年才实现了最终统一。那时候，意大利的工商业已经极度衰落，工业化尚未起步，全国60%的人口都是农民，停留在靠小规模手工业作坊提供基本日常生活需要的阶段。而此时的英国、德国等欧洲国家已经完成了第一次工业革命。意大利手工作坊因为避开了这次工业化的冲击而大量保存了下来。

相对于发展中国家人口众多、劳动力成本相对低廉的现象，意大利的劳动力成本比较高，所以量产从来都不是意大利制造业的长项。意大利政府还对工艺性手工艺企业实行了减税政策，对手工业的发展起到了很大的促进作用，这也是意大利的手工业能够在世界上占有一席之地的重要原因之一。

精良的手工艺是“意大利制造”的形象代言人，无论穿越多少时光、走过多少岁月，意大利手工艺在世界上仍然占有一席之地。匠人们对尺寸都有精准的把控，每个步骤的动作要标准，每个环节都是经过一双双有经验的巧手细心、认真地完成，最后才能呈现出符合标准、高质量的艺术品，这就是顶级的服务，彰显的是身份的尊贵。

如今，意大利手工艺以巧夺天工、细致考究闻名于世，尤其是雕刻部分，出自意大利工匠之手的每一处雕花都栩栩如生，灵巧的设计与精致的工艺浑然天成，细节点滴入微，尽显优雅而尊贵。在意大利人的心目中，手工制作已不只是单纯地制作，更是一种隽永并无可取代的价值。从文化创意产业的角度来看，意大利的设计美学、制造工艺、品牌管理和产业发展经验，有许多值得我们学习和借鉴的地方。

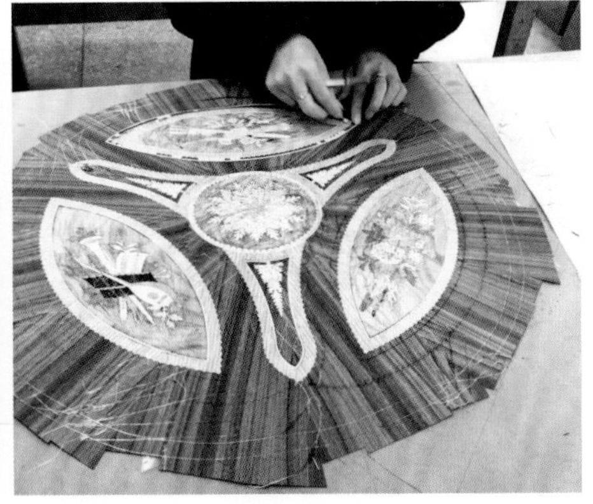

意大利手工拼花桌面

意大利匠人手工打造细节

四、咖啡文化

1. 文化特点

想要了解意大利，并融入意大利，咖啡馆可是第一站。不同于国内那种喝杯咖啡可以在店内消磨半日的模式，意大利人不会为了一杯咖啡消磨时光。他们的生活节奏很慢，但就咖啡这件事情来说，却非常讲求快速。意大利人民对本地咖啡有着无与伦比的骄傲、自豪感，坚持品质、坚持手工，坚持对浓缩咖啡的热爱。也正是这种对咖啡的神圣和敬畏，使得意大利的咖啡文化在世界众多咖啡中独树一帜。

意大利的咖啡，如同历史造就的陈酿般醇厚动人，它热情如角斗场中的勇士、苦涩如沉静的古迹、香浓如百花齐放的文艺复兴、悠长如久久不息的大运河。意大利和咖啡的渊源可追溯至十六、十七世纪。在威尼斯港口与北非、埃及贸易的蓬勃发展下，咖啡得以引入意大利。当时天主教认为其是伊斯兰酒（即魔鬼饮料）而试图禁止，但罗马教皇品尝后认为可以饮用，并在1600年为咖啡洗礼，从而开始被广泛接受，并逐渐风靡整个欧洲。时至今日，咖啡已经占据着意大利人的生活，早上醒来喝上一杯开始新的一天，中饭、晚饭后饮上一杯帮助消食，工作、学习期间用咖啡提神，朋友小聚时又在咖啡厅里享用咖啡，一天下来平均要喝上20杯左右。

咖啡对于意大利人来说，除了是一种习惯，更是一种文化，这种文化是深入骨髓的。将一杯咖啡捧在手中，闻着浓厚的香气，脑海里充满着各种对咖啡文化的理解，在意大利，这就是他们的生活，也是联系情感的纽带。

意大利弗洛里安咖啡馆

咖啡工具

2. 设计运用

咖啡文化正改变着人们的生活态度，成为一种都市人群依赖的休闲方式。奔忙与聒噪的人们，需要另一种方式给内心一处释放的空间。快节奏的生活，鳞次栉比的高楼，匆匆行走的旅程，有时需要自己沉淀下来去享受生活的精致和小资格调。生活永远比理想更有温度，若是喜欢一个人的浪漫，又爱上咖啡晦涩的甜蜜与苦楚，不如将它带进家中。

一张咖啡桌，一包咖啡豆，再加上些许称手的咖啡道具，不妨就这样在家中打造出一个私人咖啡馆。从桌面柜台的布置，到亲手研磨、冲泡的乐趣，让这一杯手冲咖啡的醇香，在缓缓水流的倾泻中于家绽放，于满屋萦绕的香气中品味精致生活的格调。

想要将私人咖啡馆搬进新家，除去必要的咖啡桌和咖啡椅点缀，还得了解些许关于手冲咖啡的文化。一般来说，私人咖啡馆都不会选择过于专业的咖啡机、研磨机等工具，而是更偏向于随心自在而又充满小资情调的手冲咖啡，这样更能体会到亲手制作的乐趣。至于氛围营造的装饰品，灯光和餐巾便足以，相互搭配之间便勾勒出这方寸之地的格调风情。

家庭咖啡角

（1）咖啡桌、咖啡椅

若想在意式轻奢空间中将私人咖啡馆营造得够有格调，木与黄铜结合而成的餐桌便是不错的选择，更能在怀旧、闲雅的气质中展现出与众不同。复古的颜色，触感细腻的丝绒低调雅致，也非常符合轻奢的风格。

小小的私人咖啡馆，品味的是自己的苦乐与感悟，那么一桌一椅便已足够。不过既然要与咖啡桌相匹配，咖啡椅就得内外兼修，不仅需要拥有使用体验上的舒适惬意，而且在外观上也要符合小资的品位追求。实木材质搭配软包坐面，既有设计的美感，又不失舒适的享受，精于内而形于外，在圆润曲线和纤细骨架中展现出淋漓尽致之感。软包的柔软质感让你坐下时更为优雅端庄，用作手冲咖啡馆的餐椅恰到好处。

（2）陈列柜

精致的咖啡空间除了必要的餐桌椅，展示柜的存在亦很重要。布置得当的陈列柜让家惊喜亮相，它有着多样的造型，本身便极具艺术观赏性，又轻易融于家居的整体格调，是一种具有百搭性质的个性家具。

具备储物功能的柜体还能让陈列柜的实用性大大提高，无论空间是大是小，都能轻松应对，可以敞开，也可封闭。但整个陈列柜的体积不宜太大，否则会显得厚重而拥挤，这样的装饰柜设计很适合零碎物品或书籍较多而又没有书房的年轻人。在咖啡空间，陈列柜的首要功能是收纳、展示并方便操作和使用咖啡器具，柜体最好有足够的层板和高度来容纳咖啡机、手冲套装、烧水壶等。

咖啡桌、咖啡椅

咖啡陈列柜

（3）灯饰照明

私人的咖啡空间不仅是品尝咖啡的场所，更是对家与生活的另一种诠释，光照的氛围便显得尤为重要。选择一款手作的灯具，没有花哨设计，也没有抢眼色泽，但却能在你冲泡咖啡时带来恰到好处的微醺与温情。

咖啡空间灯光的“暖”，让它形成一种特有的照明设计风格。运用朦胧、轻快的灯光，增加空间的变化，突出咖啡的主题。总体的照度要求不需要很高，以能够正常活动为宜，应把精力放在刻画细节的局部照明上。

在灯具选用上，遵循咖啡厅的用法，主要使用装饰吊灯和导轨小射灯。吊灯的位置要适中，光线集中照亮桌面，保持四周的暗度，从而营造私密感，制造轻松、愉悦的交谈氛围。光束要小，以突出周边其他的摆设与挂饰，局部强化要考虑显色性。小物件的摆放要整齐有序，在灯光的强调下令人感到舒服为宜。射灯作为重点强调的集中光线，突出咖啡空间的轻快色彩，强化温馨感觉，但是射灯并不能完全作为基础照明，容易出现炫光问题。

轻奢的格调，用实木吊灯来轻松营造，搭配裸露在外的爱迪生灯泡，便让满室都充盈着休闲气息。夜间点亮这么一盏小灯，咖啡似乎也变得更为香醇。这里给主人一方净土，可以一人独处，也可以和他人交换思想。

（4）咖啡器具

对于咖啡爱好者而言，这黑色的液体令他们的生活曼妙无比。家里举办聚会或是好朋友来访的时候，为了营造气氛，可以用一些具有仪式感的精致咖啡用具。在家里喝咖啡，非常轻松随意。其实喝咖啡入门的门槛并不是咖啡的产地、品种和风味，而是各式各样的咖啡器具。

实木灯罩、黄铜灯座、爱迪生灯泡以及复古灯线的组合

复古灯具

● 咖啡器具

名称	文字阐述	代表图片
咖啡架	纯铜材质的手冲咖啡架，搭配木质底座，轻而易举地彰显出这方寸之间的格调，即使闲置于桌也不失为美的装饰，更何况它还拥有调节关节臂的功能，设计感十足的同时，让手冲咖啡成为一种生活享受	
磨豆机	既然要品尝手冲咖啡，私人咖啡空间里又怎能少了手摇研磨机的存在？在研磨的过程中享受慢生活的美好，给生活增添些许精致的格调	
咖啡勺	一杯醇香的手冲咖啡，细节之处配上一把咖啡勺，在搅拌间浓郁的芬芳氤氲。其流畅的曲线和称手的触感，握在手中恰到好处，将方糖和咖啡完美融合，轻啜一口既有苦涩于舌尖绽放，又有甜香融化于口腔	

续表

名称	文字阐述	代表图片
咖啡杯	陶瓷材质的咖啡杯，从质感上便拥有些许复古的风情，而杯身凹凸立体条纹的设计，在斑驳釉点的映衬下显露出手作的温情	
方糖罐	咖啡的苦涩，应该由糖的甜蜜来融合。糖罐的材质，要呈现出复古怀旧的气息，在灰白色调和浮雕纹理的映衬下更显精致，无疑是咖啡桌间上等的装饰品	
餐巾	棉麻材质的餐巾，不仅有着棉质的柔和，也有着麻质的透气。其极尽文艺，甚至还带有些许复古的风情，点缀在咖啡空间里恰到好处，让你在品尝手冲咖啡时更具小资风情	

第三节
案例解析

金巢铂瑞阁公寓

◎ 设计单位：尚策室内设计顾问（深圳）有限公司

◎ 设计师：李奇恩　康谭珍　吴婉芝

◎ 项目地点：中国上海

◎ 项目面积：233.56 m^2

◎ 摄影师：陈思

公寓坐落于繁华地段，是上海市中心商业街区之一。整体空间运用的主色调为黑、白、灰，简约而不失风雅，不仅能强调功能性的设计，而且尽显稳重大气。

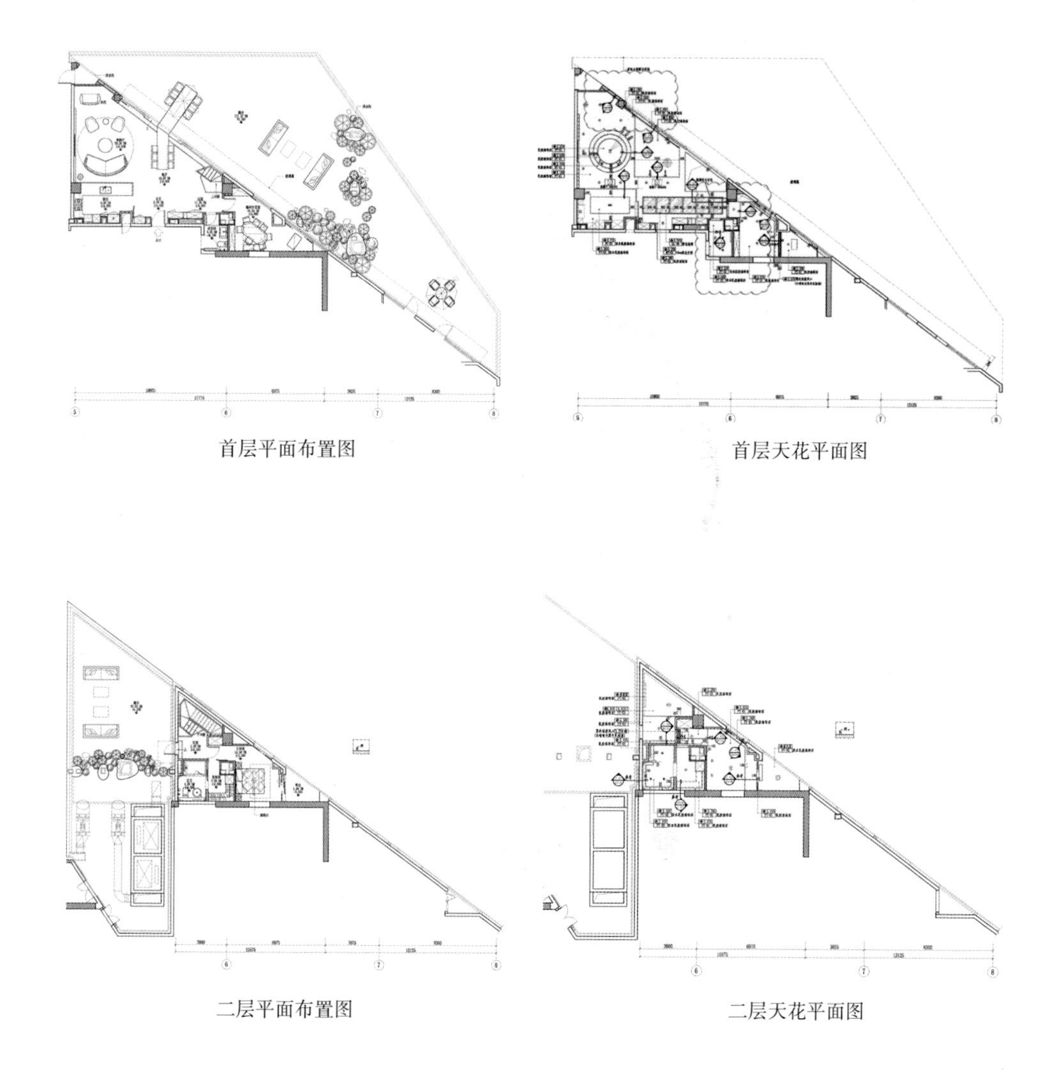

首层平面布置图

首层天花平面图

二层平面布置图

二层天花平面图

餐厅餐台与户外餐台相互连通，从室内延伸到室外，为体验时尚都市风情增添了新的亮点。生活在繁杂多变的都市里已是烦扰不休，简单的生活空间能让人身心舒畅，顶层的复式公寓虽身处繁华之中，却让人感到宁静与舒适，躁动的心思因设计而得以安抚。

客厅采用了深浅有致的白、灰两色相互渲染，调配全屋的质感和色相，搭配上墨绿色的沙发凳和窗帘，给室内增添了一丝幽静和神秘，仿佛让我们置身在丛林之中，享受自然和阳光的温暖。

客厅的电视背景墙和水吧台均采用了卡拉白玉石装饰，通透的石材、天然的纹理与前卫的风格浑然一体，尽显主人品味。

厨房设计成了 U 形，并为洗衣机的摆放留出了位置，更加合理地利用了空间，再搭配白色整体橱柜和镜面，空间充满着干练整洁的气息。

有凹凸感的墙纸，为棋牌室增添了层次感。

卧室以刚硬的线条和冷色调来呈现，高冷而不失温馨，硬朗却不失气质。装饰画与灯光的合作，既打破了空间的沉闷，又实现了视觉的平衡。

配有马赛克墙身、直立圆柱洗手盆的主人卫生间，更是令人眼前一亮。

● 轻奢格调软装分析

打造要点	打造细节	图片
石材运用	大理石的温润内敛，在视觉上可以形成一股极强的艺术张力，轻松打造一个时尚的意式轻奢家居环境。简简单单的大理石可以显示一种独特的味道，无需太多的设计，却精致典雅、富有情调且不失贵气	
金属元素	金属元素在意式轻奢风格的装修中是必然的存在，金属材质天生就有一种奢华感，而且金属色也容易打造一种高级感。向往奢华的人们，可以用带金边的产品给家里提色，但是要注意金属元素的使用一定要适当	
黑、白、灰色调	黑、白、灰是一剂行走的“良药”，简单而不失质感，冷峻又饱含温度，只要在细节层面稍做文章，就能让单调的空间于不经意中凸显出一丝高级的气质	
注重天花与格栅	意式轻奢设计善于运用长廊天花和格栅，雕刻白色石纹和镜面，营造无限延伸的视觉体验，并使用灰色或黑色玻璃和大理石来收边，增添精致感和层次感，既隐私又透明	

融创海棠湾

◎ 设计师：陈子俊　曹建粤　林成龙
◎ 项目地点：海南三亚
◎ 面积：168 ㎡
◎ 摄影师：阿光

一场文艺复兴运动，为“人是万物的尺度”赋予了新的含义，无论是艺术还是文化，都开始打破禁锢，赞美自然及本位之美。我们怀着对生活的由衷热爱，通过对精英阶层家居情境的换位思考，试图用冷静和艺术的方式来进行表达。

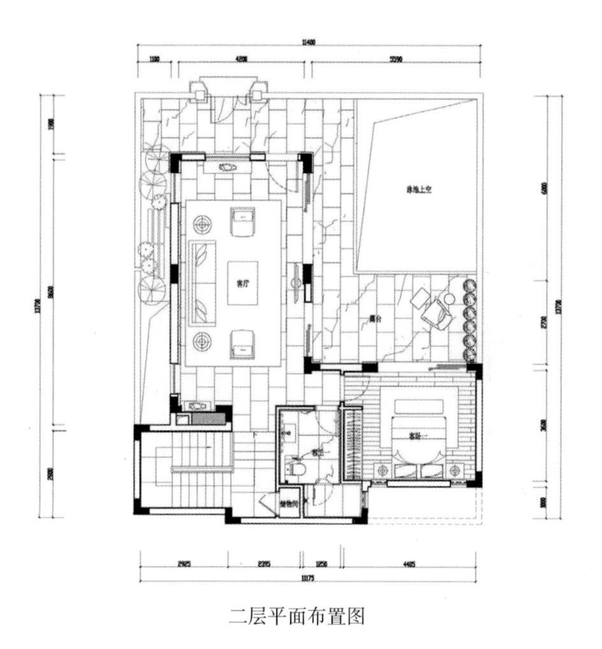

二层平面布置图

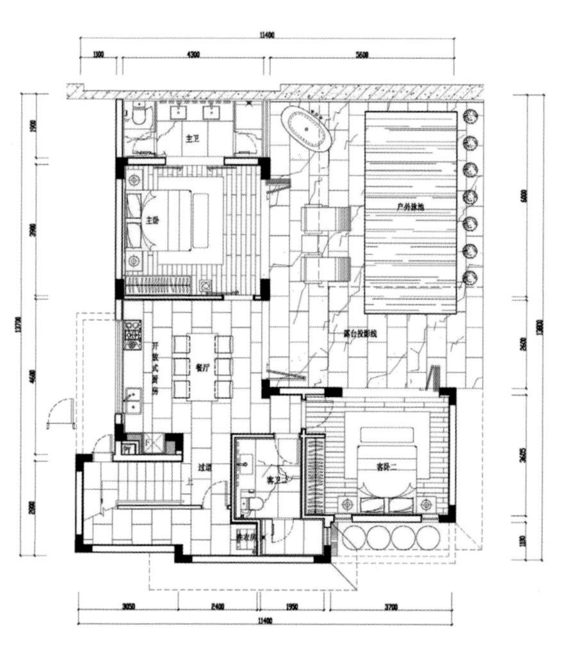

一层平面布置图

无论是家具还是艺术品，都应该在真实的生活场景中拥有生命，一张餐桌，只有在家人其乐融融分享美食时才会更加动人；一张沙发，也只有爱人依偎在旁时才能更为舒适。生活，总是令人无限着迷。

会客厅里开阔的落地玻璃窗让空间沐浴自然光照，窗外和煦的阳光与清新沁人的空气随风飘入，室内与户外真正做到浑然一体。

在家具和物品的陈列上，设计摒弃多余的造型与装饰，强化空间的艺术精神，通过精巧的布局升华空间的艺术美感。材质的选择上，细腻、缜密的木纹与金属提升空间的整体气质，家具的款式和比例亦精心设计，线条简洁，造型流畅。

软装配饰上讲究复杂与简单相结合，充分利用光线和色彩，搭配出高贵典雅的空间效果。空间中随处可见的花卉、绿色植物与雕刻精美的家具，将自然之美与人文之美完全融合，化繁为简。

主卧也拥有通彻明亮的落地窗，设计模糊了室内与室外的概念，让空间和景致的互通流动变得顺其自然。阳光下，泳池中的粼粼波光形成空间中流动的幻影，创造了一个奢华的现代主义空间。主人可以躺在床上，看到院落中泳池的无敌景观，享受着远离喧嚣的私密浪漫。

整体空间舒适、优雅且高贵，空间布局与动线安排非常符合现今的人居习惯。

餐厨空间满足全家人的用餐需求，餐厅设计以自然细腻的材质与柔和淡雅的色彩营造出简洁大气的空间气韵。

客卧的设计中，让现代时尚的风格带出全新的生活主张，并将传统的东西方文化转化为当代的表达方式，置入简洁的设计语境之中，精心把控每一处比例和细节，最后做到完美融合，呈现高贵优雅的空间气质。

● 轻奢格调软装分析

打造要点	打造细节	图片
空间要通透	空间通透明亮是意式轻奢设计的关键，简约的空间自然流露出时尚的气息，给人安全感，并透露一种闲适且温暖的感受。家具、装饰都选择了简约线条的款式，不需要太过复杂，为室内营造奢华低调的气氛即可	
选择舒适面料	对意式轻奢家居的风格与趋势而言，面料是很重要的一种设计元素，尤其在舒适度上不容忽视。此风格注重将舒适性的考虑加入到家居设计之中，并在保持家居本身格调与功能性的同时，为居住者提供一个可以完全放松的环境，是意式轻奢设计的一贯宗旨	
适度选用高贵色彩	孔雀蓝色来源于孔雀羽毛的艳丽，也是瓷器釉色之一，独特的亮蓝色调让它如同名字一般有着骄傲的资本。孔雀蓝神秘高贵，不同于其他蓝色的浅淡忧郁，自有一番贵族气质，运用在家居之中展现出一种沉静的唯美，让整个空间渲染上高贵的优雅氛围	
家具造型流畅	意式轻奢家具的造型一般以矩形为基本框架，但会使用大量精巧、优雅的弧线设计，富有韵律之美。其颇具前瞻性、不拘一格的设计理念，能迎合新贵一族的审美品位	

北欧设计

北欧风格概述

软装文化及运用

案例解析

第一节
北欧风格概述

北欧是地理名词，特指北欧理事会的5个主权国家——丹麦、瑞典、挪威、芬兰和冰岛。实际上，这几个国家曾经还有一个别名，叫斯堪的纳维亚半岛。从1890年起，这些国家就受到英国工艺美术运动、欧洲大陆新艺术运动的影响，开始了具有特色的设计改革。直到今天，北欧风格已逐渐成为世界上最具影响力的设计流派之一。

北欧风格属于功能主义的范畴，是在欧洲现代主义运动的带动下发展起来的。它融合了自己的文化特征，结合了独有的自然环境和设计资源，相对于其他国家的现代主义设计艺术而言，形成了独特的、具有人情意味的设计语言。

北欧设计注重功能、追求理性，讲究简洁明朗的颜色，线条流畅，不事雕琢，以简洁著称于世，并影响到后来的“极简主义”“后现代”等风格。在20世纪风起云涌的“工业设计”浪潮中，北欧风格的简洁被推到极致，反映在室内设计中，就是室内的天花、墙面和地面完全不用纹样和图案装饰，只用线条、色块来区分点缀。

一、北欧家具

在北欧家具中，“风格即生活”的理念无处不在。实用的功能，严谨的结构，朴实的气质，考虑周到且优雅别致，它与生俱来拥有一种自然融入每个家庭的魅力。在北欧的室内装饰风格中，木材占有很重要的地位。北欧风格的家具中使用的木材，基本上是未经精细加工的原木，保留了木材的原始色彩和质感，有很独特的装饰效果。在设计上，也不喜欢使用雕花和纹饰。

北欧家具较为低矮，强调简单结构与舒适功能的完美结合，即便是设计一把椅子，也要追求它的造型美，更注重从人体结构出发，讲究它的曲线如何与人体接触时完美吻合，使其与人体协调，倍感舒适。沙发和床体态轻盈，木质框架或外露或包裹在纯色的厚棉布下，这些都是北欧风格的独有特质。

北欧家具被普遍认为是最有人情味的现代家具，他们很在意使用什么样的家具觉得不累。北欧人善于把艺术感和实用性结合起来看待，其形式、功能、材料、色彩、耐用性能、造价等各方面都是和谐的、平衡的。

多功能、可拆卸、可折叠、可以自由组合是北欧家具的特别注重的主要功能。一般情况下在家具店选择好家具之后，只需要购买一套附有装配图纸和零件的成型板材，就可由家庭成员根据个人需求和喜好来装配。这种生产程序使得北欧家具的制作工艺更为先进，表面木材的处理更为复杂，家具之间的衔接度也需要达到一个相当高的水平。

原木家具

强调简单结构的北欧家具

二、北欧绿植

北欧风格的居室里总是少不了生机勃勃的绿植点缀，小小的一抹绿意就能让空间变得清新又自然，房间的品位也会提升。象征生命和青春的绿色，能将纯北欧风格的理性刻板融入自然的元素，增添更多生活的气息。北欧风格家具大部分线条都比较明朗，几何花纹、波浪纹、十字纹、棱形用得比较多，所以在花材的选择上，最好选用线条简单且呈低饱和颜色的，其淡雅的色调更能贴近北欧的那份宁静与自然。

植物能软化周围生硬的线条

● 适合北欧风格空间的植物选择

植物名称	植物特性	代表图片
龟背竹	龟背竹可以说是北欧家居风格演绎中的常客了，不管是单枝叶片还是整体植株都会有很好的装饰效果。植株较大时，可以装饰客厅中较为单调、空白的区域，或者放置在办公室，也是修饰冷硬空间线条的不错选择	 
琴叶榕	琴叶榕具较高的观赏价值，是理想的观叶植物，外形较为柔和，可以修饰北欧风格客厅的一些冷硬线条。其叶片较高，可以修饰高度空间。植株较小的琴叶榕，可以放在中心位置的吧台或者置物架上，都是非常不错的点缀	 
金钱树	金钱树具有招财进宝、荣华富贵的寓意。其株形纤细高挑，放在桌上和地上皆可。除了正常的花盆款式，还可以露出部分根茎的花盆，更有观赏性，也为空间带来独特的气质	 
仙人掌	一般人们会选择把小型仙人掌放在桌面上,装饰自己的家居环境，但是在北欧风格的室内空间，大型仙人掌却非常普遍。既可搭配其他观赏置物，也可组成清新自然的背景植物小景	 

续表

植物名称	植物特性	代表图片
虎皮兰	虎皮兰又名虎尾兰、千岁兰，是一种较为常见的观赏植物。其体态娇小，叶片直立生长的特质具有节省空间的优点。卧室窗台上、客厅搁架上、楼梯旁，只要不是强光直射的地方，都可以用虎皮兰进行点缀。金边虎皮兰是近年来非常受欢迎的品种，和原木色的家居环境非常搭配。其修长的叶片优雅大气，在浅色为主的北欧风格中可以起到非常不错的点缀效果	 
橡皮树	橡皮树四季常绿，枝叶较为圆润，对冷硬的家居线条会有一定的中和作用。大型植物放在地面上，可以点亮稍显冷淡的极简北欧风客厅，让视觉有所重点；较小的植物放在桌上，会有不一样的小清新体验。大型的橡皮树适合放在门厅两侧或者大堂中央，中小型的橡皮树则可以根据喜好布置在客厅、卧室、书房，搭配木色或棕色的家具单品，自然气息浓厚	 
散尾葵	散尾葵自带一种独特的丛林热带风情，放置在家中会给整体家居带来不一样的活力。它还具有一定的保持空气湿度的作用，放在干燥之处也是非常实用的	 
鹤望兰	鹤望兰花型奇特，非常像展翅高飞的鸟，故也称为天堂鸟，具有很高的欣赏价值。较大的鹤望兰可放置在客厅的角落，和藤编工艺椅凳、浅色布艺沙发搭配，成为视觉焦点	 

三、北欧地毯

自然清新的北欧风格地毯，彰显从容真实的生活态度，这就是地毯的魅力。单色系的地毯能为房间带来纯朴、安宁的感觉，在黑、白、灰的高冷空间里，一片单纯、暖心的颜色不亚于冬日里映射进来的珍贵阳光，祥和又温馨。灰色织物能在雅致的氛围中提供一个柔软、暖和的界面，和原木茶几也可构成一种有趣的搭配。

浅色地毯可与白色墙面在视觉上取得协调，与黑、灰色系的家具构成反差，同时洁净的色调会更有力地烘托出地毯表面暖洋洋的材料质感。

地毯在家居搭配中始终扮演者重要角色，既保暖、降低噪声，又具有灵活的特点，起到围合和界定空间的作用。它可以将沙发、茶几团结在一起，形成客厅的交谈区域。其轻盈的体态、柔和的触感、多样的色彩和图案等，都可以软化生硬的硬装设计。

（1）加点色彩的碰撞

多色拼接式的地毯可以选择较和谐的相近色搭配，也可以是富于张力的对比色撞接，恰当的色彩组合能够活跃整个空间，成为房间布置的点睛之笔。此类型尤其适合客厅、过道等公共区域，通常面积不宜太广，以免模糊重点，造成繁复炫目的感觉。

沙发、靠垫以及挂画的取色可与所选地毯上的色块在视觉上形成互动。这类色彩构成式地毯不仅结合了充满动感的斜线元素，而且通过布置座椅、靠垫来取得颜色上的呼应，可以将这种鲜亮的暖感进一步激活出来。

地毯上的色块可适当与家具和地板的用色形成对应，可以让家居空间表现出理性的和谐。

（2）定下线条的格调

几何线条式的地毯极富设计感，无论是直线、斜线还是北欧风格中常见的菱形，几

拼色地毯

几何线条地毯

何的秩序感与形式美都可以呼应并强化空间整体的简洁特征。本类型的地毯在性格上比较低调内敛，通过柔软的材质，可以为冬日的活动提供温和的衬托。

疏落的几何直线条具有平实和睿智的性格，若与木色地板、家具相配合，便可为室内营造一种静谧、雅致的气氛。黑色菱形纹理能够完美契合北欧家居所惯用的、构成感十足的黑色线条，如画框、茶几等。

（3）展示心仪的图案

北欧风格地毯的装饰图案不会格外绚烂，常常是在平淡中流露出雅致和美丽。高“颜值”的图案在空间中可以表现得更加醒目，使冬日内心的冷寂得到驱除，让房间的氛围被温暖点燃。同样地，这类地毯也宜择重点处布置，并做到突出而不突兀。

如果整个房间的布置都是黑、白、灰的北欧基调，那同样黑、白、灰的图案与它最契合不过了，白墙、黑灯、灰沙发和一方地毯，可以让空间呈现出浑然天成的整体感。

红色与黑色是经典的一款搭配，红色地毯有着悠久的传统，黑色座椅配上稳重的深红色调，最好再加些木质的衬托，秋冬季节就能在房间营造出令人留恋的温馨。

（4）仿皮草地毯

个性方面，利用整张仿兽皮制成的地毯可谓得天独厚，它们大多具有独特的形状轮廓。仿兽皮的质感可以为环境增添心理温度，而纹理的不相重复更是给予了每张地毯独一无二的气质，是彰显主人品位的上佳选择。出于对动物的保护原则，呼吁大家使用仿皮草地毯。

仿兽皮地毯面积一般不会太大，布置与地板色泽反差强烈的不规则形可以巧妙地建立一种图底关系。

仿兽皮地毯搭配适应性广，可与其他类型、外形规则的地毯相叠合，构成混搭风格。还可针对兽皮的色纹，选择用色相近的沙发座椅组合布置。

图案地毯

仿皮草地毯

四、北欧灯具

北欧的冬季漫长而寒冷，日照时间很短，正因为这样，北欧人喜欢安静地宅在家里，所以有更多的时间在家居生活上花心思，他们总是变着法子收集光，设计黑夜时需要的灯光。他们设计各种灯具——悬顶的、壁挂的、座台的，等等，不一而足。

北欧风的灯具以吊灯为主，灯线总是拉得很长，灯具进入视线，所以非常注重外形的设计，既要有美感，又不会抢眼到突兀。出于功能考虑，低矮灯具方便聚拢的光源打在家具表面，更能营造温馨的氛围，尤其是在餐桌区域。

落地灯在北欧家具中也是出镜率极高的单品，经常出现在客厅的沙发、躺椅旁边，既满足照明需求，也有点缀装饰的效果。轨道灯是分散式照明的代表，大多每一颗灯头的位置、角度都可调节，所以能够配合家居布置有的放矢地提供重点照明，比如一排射灯照射墙上装饰画，达到“洗墙”的效果。

北欧人民贴近自然的生活习惯，使他们更加注重生活质量及细节把控，再细小的物件，也是生活态度的彰显。灯具设计也秉承着这样的理念，在风格上沿袭了北欧设计的一贯特征，充分体现了北欧人对生命的理解。而这一切都在充满北欧气息的造型灯具中被彻底点燃。

灯具在北欧风格中起着至关重要的作用，吊灯、射灯、台灯等不同款式和质感的光源，在不同的空间里穿插使用，既简约大方，又带有优雅华贵的空间美感。其观赏度、适应度能很好地表达房屋的风格。

北欧风格灯具最大的特点就是融合了简约的设计与美学的表达，使得灯具的外观看起来不浮夸，充满了设计师的情怀。他们用独特的视角与创意，在传统美学和工艺的基础上，运用全新的材料和设计眼光，创造出许多个性十足的灯具，与空间里的其他家具搭配相得益彰。

北欧灯饰的设计造型上比较简练，充分体现了现代的审美和跟家居的搭配。用线条来作为设计元素，或流畅或硬朗，在结构上追求创新。灯的配色很多都偏向中灰色彩，清新而稳重，亮丽不失低调。材料运用比较多元化，有玻璃、木材、金属、陶瓷等，也有材料的综合应用，在家居装饰中，可以根据家居的风格选用适合灯饰。

简洁的灯具设计是北欧风格的完美诠释

五、北欧装饰画

想要打造理想的北欧家居一定少不了装饰画的助力，艺术感十足的画面能通过不同的元素为家居增添浓浓的北欧氛围。它们既和谐统一又各具特色，彰显个人品位，让家居变得丰富立体起来。

北欧风格的设计理念是注重人与自然、社会、环境的有机结合，集中体现了绿色、环保和可持续发展的设计理念。其装饰画多采用实木，展示对手工艺术传统和天然材料的尊重与偏爱，在形式上更为柔和、有机，因而富有浓厚的人情味。

北欧风格的装饰画能很好地为家中环境提升美感、增添意境，是一种并不过分强调艺术高度，但非常讲究与环境的协调和美化效果的艺术类型作品。

北欧风格装饰画采用色彩的层层堆叠，营造出多维的空间感，装饰在家中自然能够给人带来无限的新意。柔和的色调和北欧风格相互呼应，越发浪漫，给人一种舒适随性之感。

北欧风格装饰色

● 北欧风格装饰画特点

类别	特质	代表图片
混搭装饰画	这种组合比较新鲜，让装饰丰富起来，比如将具象的画与抽象元素的画组合在一起，创造新奇体验	
植物装饰画	清新的气质让家居生活多了几分生机与活力，栩栩如生的绿植装饰画让人备感放松，还能给家居带来更多温馨。抽象化的植物画也很有气质	
几何装饰画	几何元素通过不同形式的拼接，带来不一样的线性美感。浓烈的色彩，加上大胆的线条组合，与北欧家具既有对比，又相互弥补	
风景装饰画	写实风景挂画也是不错的选择，完全取自于自然的景象，有着丰富的意境，抬起头就可以感受这个世界的美好	
动物装饰画	动物挂画优雅的姿态给人亲切的感觉，与家具衬在一起，整个家居充满活力	
字母装饰画	简单的字母个性却不浮夸，自由组合充满无限的可能，在视觉上总能给人新意，能与北欧家中清新自然的风格相呼应。单独放大的字母简单直白，多排英文组合可严肃、可俏皮，百变而不单调	
水果装饰画	北欧人崇尚自然、质朴的生活，室内的装饰画也具有乡间的浓郁气息，极具民间生活艺术格调	

● 北欧风格装饰画挑选原则

原则	特性	代表图片
与装修风格统一	挂画不仅要和整体装修风格统一，也要和家具、饰品等进行合理的搭配，就连画框的材质和颜色都会影响观感。北欧风格适合选用细边框的挂画，黑色、金色或者原木色都是不错的选择	
符合空间功能	在不同功能的空间挂上相应内容的挂画，看起来更加协调，如在儿童房挂上富有童趣的装饰画，在餐厅挂上和餐具、食物有关的装饰画等	
与其他装饰品协调	挂画还可以和其他装饰品、摆件等形成呼应，达到意想不到的美观效果	

六、北欧色彩

现代人生活压力较大，作为工作和生活的空间，室内装饰也就显得尤为重要了。北欧风格的室内设计崇尚“亮一些，再亮一些，温暖一点，再温暖一点”的理念，喜欢大面积运用白色提亮，让空间看起来通透无比。一般以白色为背景，供人随意挥洒，再加上北欧的森林茂密，人们向往一种回归自然的生活，因此在设计上也喜欢用一些原始的配色，比如米色、浅灰色、水泥色、黑色、蓝色、原木色等。

任何一个空间，总有一个视觉中心，而这个中心的主导者就是色彩。北欧风格色彩搭配之所以令人印象深刻，是因为它总能获得令人舒服的效果。

北欧风一般被称为“冷淡风”，但其实，在“冷淡”中总是透着生机和热情，这归功于北欧人对色彩的极致运用。他们使用鲜艳吸睛的高饱和度色彩做搭配，也喜欢使用高级灰（莫兰迪色）做点缀，都很不俗。

北欧的家庭，常常以简洁的白色、浅莫兰迪色作为主调，再以色彩鲜明的地毯、抱枕、装饰画、植物、小摆件等作为细节点缀，给房子增添一些热情的元素。一眼望去，既有视觉焦点，又不觉杂乱无章——这就是色彩搭配的功夫。

北欧风格装饰色

黄色的点缀成为视觉中心

● 北欧风格常用色彩搭配

类别	搭配特点	代表图片
灰色 + 白色	灰色提供了一种放松和宁静的感觉，和北欧风格的冷淡气质不谋而合。白色的天花、灰色的墙面形成不同明度的对比，搭配黑色，是北欧风格的经典配色之一。恰当的暗色可以让空间的色彩效果更稳，但要避免大面积的黑色	
蓝色 + 白色	蓝色具有调节神经、镇静安神的作用，蓝色和白色的配色在视觉上也给人舒服的感觉。一面白色、一面蓝色的地毯、茶几，给室内的色彩一种空间感	
黑色 + 白色	黑色代表权力的主张，所表现的强烈内涵是多层面的，使人联想到庄重、严肃、坚毅、神秘和沉思的感受。“黑 + 白”一直是比较经典的色彩搭配，怎么都不过时，就像时装设计经常使用的色彩一样，用在北欧风格的室内也一直长盛不衰	
绿色 + 白色	绿色放在白色空间中做点缀的搭配很受欢迎，绿色清新跳跃，本身就是代表大自然的色彩，“白 + 绿”的搭配在强烈的视觉对比中给人带来莫名的放松和舒适感	

续表

类别	搭配特点	代表图片
白色 + 木色	木材是北欧格调的灵魂所在，带着原始质朴的大自然气息，总会给空间带来不一样的温度。木色和白色搭配能够营造开阔的视野，视线触及之处是一片恬淡，没有强烈的视觉冲击，是一种高冷而又安宁的视觉享受。以简约的白色搭配温馨的原木色作为空间的主调，是北欧风格最经典的搭配，注入一些灵动的家居元素，例如森林绿色、自然枯枝等，不仅体现一种回归自然的亲近感，更是一种纯净的艺术	
灰色 + 蓝色	“灰 + 蓝”色调的组合是北欧风格中比较经典的配色，运用在很多软装配饰之中。蓝色以深色调为宜，明度可以根据空间的光线进行挑选和调整，这样会显得空间大气硬朗。做旧蓝有复古感，亮蓝色能营造现代感，怎么搭配都有不同的视觉感受	
粉色 + 灰色	粉色是比较少女系的颜色，给人一种水粉般的晕染感，温柔而知性。使用这两种颜色时，尽量挑选色系中相近的浅色度，这样两者的对比度会比较小，使空间看起来不会太突兀	
灰色 + 黄色	黄色是有温度的标志性暖色，在房间中能很好地平衡色彩亮度，营造空间温度。如果用了大面积的灰色，用黄色来点缀再好不过，能让略显单调的空间一下子活泼起来，让冷淡的空间瞬间变得柔软	

第二节
软装文化及运用

一、自然文化

1. 文化特点

北欧五国地处偏远，长期以来一直是自给自足的生活模式，精湛的手工艺和“以强调实用为主”的设计理念被完整地保留下来。对于北欧人来说，设计不仅是日常生活的一部分，同时也是影响社会变化的一种方式。北欧气候寒冷，人们必须通过设计来创造与自然斗争的各种工具以适应环境，所以学习、崇拜、臣服于自然便是理所当然的事情。

为营造天人合一的自然气氛，北欧人对材质的挑选和工艺的追求都崇尚至纯至真。在长期与自然界作斗争的过程中，北欧人更加深刻地了解到天然材料的特性和结构特点，他们偏爱不造作的自然美，力图在人造物品设计中找到与自然界的最佳平衡点。

自然教会了北欧人去领略大自然中永恒的美，包括自然的造型和色彩，因此，在21世纪的北欧设计中，经常可以看到植物和动物的自然形态。自然还教会了他们珍惜自然资源，充分发挥材料的特性进行设计，因此，造型简洁的简约主义很快就成为北欧设计的特点之一。绿色设计更是其设计的精髓，这种简洁朴素、贴近自然的设计也绝不仅仅是某位设计师的爱好，更不只是曲高和寡针对少数人的设计。

设计风格来源于对自然的适应，实现为日常生活创造美的设计宗旨。北欧设计充满自然启示和自然灵性，是关于自然的美学，它源于北欧人对自然的情有独钟。毋庸置疑，不管是童话王国丹麦、装饰优雅的瑞典、呈现朴素之美的芬兰，还是尊重产品文脉的挪威，无不体现了北欧自然元素的有机形态之美。设计师们也普遍形成了与自然共生的设计理念。

自然风貌

2. 设计运用

人们很难在北欧的家庭里看到奢华的布置和器物，贴近自然、尊重自然、环保地生活是每个北欧人自觉的生活状态。北欧的设计风格自成一派，它既不像意大利设计那么奢华，也不像法国设计那么古典。丹麦是很小的国家，资源有限，因此设计从不夸张，而是要在实用中体现出设计的细节，但装饰感又恰到好处。

北欧设计崇尚自然之美，它们包括日月星辰、花鸟虫鱼、园林四野等，非常广阔多样。自然美作为一种现象，是人们随时能够欣赏和感受的。在北欧设计中，设计师可根据不同的情况运用不同的自然元素来营造空间气氛，使抽象理念超越物质本身而转化为一种具体可视的现实，以此达到与自然的交流。

（1）选用自然布艺

北欧人致力于营造温暖舒适的生活氛围，这种努力渗透于室内设计的方方面面，窗帘、桌布、围裙等，每一件物品都能反映出主人家细腻的小心思，只需看一眼房间陈设，你便能够对主人的品位与性格知晓一二。

北欧自然布艺的共同点是注重天然材料的选用，如柔软质朴的纱麻布品，较多地应用在沙发、床品和窗帘上，而对于软装材料的选择，最好是采用棉麻，这样能够轻松地营造出惬意的家居环境，符合北欧风格追求天然质感的特性。

这些设计简约、工艺精湛的织物将北欧自然舒心的生活方式带到了全世界。物品的每一个环节都经过了严格把控，其密密的经纬线中凝聚了设计师对传统北欧自然技艺的现代诠释。而对于众多崇尚北欧格调的人们来说，织物不仅是一件生活用品，也是一种情怀的体现。

仿动物毛皮毯

自然布艺

（2）造型简洁

北欧风格纯净舒适，看似简单的布置，实则非常注重整体和对自然的表达。他们将自己古朴、自然的设计理念与世界前沿的时尚文化调和，影响了后来的简约主义、后现代主义等设计风格。

北欧风格代表了一种生活态度——把复杂的生活尽量简化，这是人们在身担各种压力下最为渴望的。他们崇尚简洁的造型、严谨的结构、朴实的气质，营造出轻松随意的生活氛围，带给人们无尽的舒适享受。

北欧极简主义反映在家居设计方面，就产生了完全不使用雕塑、纹饰的北欧家具。但简约不等于拒绝装饰，适当的装饰品能够起到点缀空间、化平淡为神奇的效果，只是选择时要有所侧重。黑白组合是永恒的经典，适度加上一点鲜艳、跳动的颜色，再填充一些几何线条的灯饰和高光的镜面，就能营造出雅致的生活空间。

布置家居时要统一、完整，稍大的家具要远离墙体，四周的装饰元素要少，这样可以使陈设品更显突出，富有活力。充分利用家具的收纳功能，把平时单摆的杂物收藏起来，用具有一定风格、统一的柜子来掩饰烦琐，从而达到视觉上的简洁感。

可以这样说，极少主义在家居材料上的“减少”、功能上的彻底剖析，在某种程度上能使人在精神上更加放松，创造出一种安宁、平静的生活空间来。

北欧风格注重简洁舒适

（3）木材广泛应用

北欧风格的居室中使用的木材，基本上都是未经精细加工的原木。这种木材最大限度地保留了木材的原始色彩和质感，有很独特的装饰效果。北欧树种的颜色大多是浅色的，所以家居中的木质家具差不多也都是浅色调。

木材是北欧风格的灵魂，上等的云杉、白桦、松木、榉木都是常用的。为了利于室内保温，北欧人喜欢大量使用隔热性能的木材。北欧的建筑以尖顶、坡顶为主，室内可见原木制成的梁、椽等建筑构件，这种风格应用到平顶的楼房中，就演变成一种纯装饰性的木质“装饰梁”。木材本身所具有的柔和色彩、细密质感以及天然纹理非常自然地融入到家居设计之中，展现出一种朴素、清新的原始之美，代表着独特的北欧风格。

除了偏爱木材以外，北欧室内装饰风格经常使用的装饰材料还有石材、玻璃和铁艺等，但都无一例外地保留这些材质的原始质感。

笔直的设计线条，没有多余的部分，体现出北欧的简约理念

原木置物架

藤编的篮子

保持木材原貌的餐桌

设计于 1936 年的 Fox Chair 品牌座椅

二、圣诞文化

1. 文化特点

圣诞老人形象深入人心，许多小孩都想知道他究竟来自何方。实际上，只有芬兰是唯一受到了官方认证的“圣诞老人故乡”。圣诞老人小屋坐落在神奇的北极圈上，位于罗瓦涅米市。无论是小孩还是成年人，都可以前去拜访，在亲切友好的气氛中，和他说上一番知心话。圣诞老人每年的职责就是在那些毛茸茸的驯鹿伙伴们的帮助下，把欢乐带到世界各地。

圣诞老人的小屋就如圣诞老人本身一样，温暖又亲切。在那里，圣诞老人认真倾听孩子的心愿，甚至会为他们唱一两首圣诞颂歌。

不要以为圣诞节只是短短的那么几天，对北欧人来说，那是一段漫长而幸福的日子。从圣诞前的第 4 个礼拜日（基督降临日）开始，每个家庭都开始装扮他们的房子，孩子们会特别开心，用蜡烛、圣诞装饰物、彩灯装饰房间的每个角落，驱赶北欧漫长而乏味的寒冬。按照习俗，这一天他们会准备由四根蜡烛组成的以云山枝、苔藓、红梅以及彩带装点的降临环（Advent wreath），从基督降临日开始，每个周末点起一根蜡烛，直到第四根蜡烛点燃，圣诞节也就到来了。

很多芬兰家庭都有一个传统，那就是在 12 月份，全家出动共同挑选一棵圣诞树。至于圣诞树的装饰时间，可以依习惯从圣诞节前一周开始，或是在圣诞夜进行。玻璃球、苹果、橡果、天使、小精灵、爱心、本土动物……这些都是芬兰常见的圣诞树装饰品，顶端则一般会以星星作为装饰。

芬兰人常常会在窗户上挂一颗象征着伯利恒之星的圣诞之星灯饰，受北欧神话的影响，家中也会装饰以用稻草扎成的尤尔山羊。除了室内装饰，芬兰人也会将 LED 灯串布置于窗户边框甚至是整个房屋的外表，这些如繁星般的灯火将冬日的芬兰点缀得尤为梦幻。

圣诞老人

圣诞装饰

2. 设计运用

许多人都有着属于自己的圣诞梦，趁着圣诞到来之前，不要埋藏心中对于温暖的期许，亲手把家打造成圣诞气氛浓郁的浪漫温馨之地，过上一个快乐的圣诞节。

对于喜欢北欧极简风格的人们来说，利用简单的小技巧，让居家氛围多一些圣诞气氛，就能将平淡的空间升级为摩登现代的北欧风格。

（1）餐桌装饰

精心准备的圣诞大餐，要搭配上餐桌布置才算圆满。圣诞餐桌是圣诞夜的一大亮点，也是最重要的一部分。圣诞餐桌装扮系列，从颜色到风格都弥漫着冬日的温馨，桌布和餐具的设计也充分体现了设计师的小心思。其图案丰富，有麋鹿、小巧的圣诞树和美丽的雪花等，十分可爱。

北欧圣诞的元素还有很多，如白色的雪、闪耀的水晶、绿色的松柏等。用餐本就是件愉悦的事，在圣诞或其他节日，喜庆红色是桌旗、桌布的首选颜色，又或是选择色调素雅的提花布，但要避免过于花哨，以免喧宾夺主。作为提升用餐品位的配饰，应尽量避免粗糙面料和图案庸俗的式样。相比桌布、桌旗，餐垫更是不起眼的小装饰，但在完美享受用餐的过程中，它又像华丽礼服一般，把食物、餐具和餐厅家具包装得隆重又有范儿，或正式、或严肃中带着活泼、或是突出节日主题，选择不应受限。

对于时令用餐，餐桌上的装饰小物也要四季分明。西方人布置圣诞餐桌时少不了以松针、松果、红果作点缀，或随意散落在餐具间，或编织成独一无二的圣诞果盘，又或是置放一株冬日盛放的鲜花，令餐桌更有活力。圣诞的餐桌秀场，食物在光亮中熠熠生辉，高高的烛台和蜡烛点亮每个角落，既可用于甜蜜烛光晚餐，也适于昏暗灯光下好友间推杯换盏，荧荧烛光让温暖的节日气氛肆意蔓延。

北欧饮食文化强调的是家人共同分享的精神，在平凡生活中加入对生活品位的坚持。优雅的餐具及餐桌摆设，不仅能带出温馨气氛，也方便全家人用餐时增进情感交融的乐趣。

藏青蓝为主色，金色、银色为点缀，桌旗放在平时使用也很百搭

北欧圣诞餐桌的布置依旧展示了北欧设计的态度——纯粹、简单、环保，甚至更原始

（2）花艺装饰

生活中的仪式感，印刻着一生的珍藏时刻。那些不被生活琐事和世间繁杂冲淡的热情，都是因为心中长存那份庄重且用心的仪式感。花艺装饰就好似诗里的梦，是生活的一场仪式。大自然的万千风物随时光变迁而不断调整色盘，串联出不停歇的韵律交响，而四季与生活的紧密关联，也从花艺装饰布置上以最直观的方式体现出来，表现主人当下的愉悦心情。

一场热闹的圣诞聚会，必定充斥着花草与色彩的魔法。北欧风崇尚简洁自然、返璞归真的生活态度，它不仅仅只是一种简单的设计风格。同样，北欧的圣诞花艺装饰相对其他国家而言，也显得更加自然和清新。北欧风强调从功能性出发，使花艺装饰回归到使用者的角度，每一个细节处理，每一处人性化的构成，各种天然材料的运用等，都体现出一种追求品质与个性的人生态度。

“少即是多”（Less is more）是北欧花艺设计的核心。一个清新自然的花艺设计，才能营造出轻松闲适的氛围，给人带来最舒服的治愈。小清新的北欧情调是令人无法抗拒的，当整个花艺设计都被自然元素包裹起来，所有充满自然气息的物体，都转化成了轻松愉悦的生活方式。大自然就是北欧花艺设计的灵感来源。

设计往往是相通的，当我们制作花艺时，需要多多关注与时尚、建筑、室内等其他方面的综合搭配。比如日常需要看看室内设计的书籍，因为花艺设计需要与整个空间协调。此外，还需努力从各种设计中了解流行趋势，才能更好地在设计中选择合适的花材，做出与时俱进的花艺作品。色彩选用时，北欧人不会使用特别强烈的色彩，你可以发现很多单色系的设计，即通过相关联的色彩营造和谐的色彩搭配。当然，我们也会运用对比色，并加一些过渡色，这样彼此之间就不会太冲撞，从而达到一种和谐的效果。

圣诞节的布置，一定不能忽略了房屋户外的装饰

松散的花草在楼梯上的装饰

植物、果实是环保又省钱的装饰道具

（3）其他装饰

除了餐厅用品，其他装饰配饰自然也是不可或缺的，从围裙、圣诞袜、圣诞帽到圣诞老人的衣服以及装饰品，应有尽有。这些精致的圣诞小物件，非常可爱。抱枕不露痕迹地寓意着圣诞的来临，但不会因为圣诞节的结束而过时。蜡烛是非常重要的节日助兴佳品，注意使用时需要与植物或是其他装饰品搭配，如果只是单一地摆放蜡烛，节日氛围还是有所欠缺的。

圣诞节同样不能没有串灯，串灯可以挂在任何地方，窗户旁、门上、床头、墙角、书架、圣诞树上甚至玻璃罐子里。拉花横幅小旗也是烘托气氛的重要元素，放弃五彩的拉花彩带，圆球、星星、木马等都是很有格调的装饰。可以尝试把圣诞树栽进一个藤草筐中，北欧气息十足。

如果不想要家中挂着闪耀的霓虹灯，也可以用铃铛造型的挂饰，再穿上麻绳来增添气氛。还可以利用剩下的包装纸，裁剪成三角形或是菱形，挂在窗户或天花板上。甚至可以利用路边掉落的树枝，再挂上旧有的圣诞吊饰，就能有不一样的圣诞装饰风格。

圣诞老人和驯鹿鲁道夫是不可分割的团队，他们一起相伴走过北极荒原，共同踏过白茫茫的新雪。圣诞夜前夕一件非常重要的事，就是要喂饱圣诞老人的驯鹿，因为它们要带圣诞老人去世界各地送礼物，需要足够的力气。以圣诞老人的好伙伴“驯鹿” 为元素的装饰品，在北欧风格的室内设计中也是随处可见的。

圣诞元素布艺

圣诞小物件

圣诞树

驯鹿元素装饰品

三、安徒生文化

1. 文化特点

有人说“文学是一个国家、一个民族的灵魂”，至少对于丹麦来说，这话毫不夸张。倘若没有安徒生童话，人们对于丹麦便不会有那么深刻的印象。安徒生是 19 世纪著名的童话作家，被誉为“世界儿童文字的太阳”。他照亮了丹麦，也照亮了孩子们的童话世界，其代表作有《卖火柴的小女孩》《海的女儿》《丑小鸭》和《皇帝的新装》等。

欧登塞是丹麦的第三大城市，相比哥本哈根，它的名声多半来自在此出生、度过童年的作家安徒生。欧登塞是一个很平静的城市，但因为有了安徒生的存在，这种平静之中又有了丰富的内涵。城市的每个角度都有安徒生的存在，这个符号随时随地都在被强化，当地人和游客双方都很享受这种美妙。

那座 1908 年建立的安徒生博物馆位于欧登塞的市中心，如今是一处保留完整的历史街区。建于 18 世纪的低矮房屋有着黄色的外墙、小尺度的弹格路，年代较新的酒店和博物馆都小心迎合着既有的审美。

安徒生

每个人都有童年、童心，随着时间流逝就渐渐深藏心底了，少了那份自由自在，但《安徒生童话》可以让童心瞬间复活。五颜六色的房子特别有童话感，这里保留了 19 世纪丹麦生活的田园牧歌。

《安徒生童话》不全是为少年儿童创作的，但少年儿童却是童话作品最大的阅读群体。一方面，童话表达的那种积极向上、对人生的美好信念，以及为了实现这种意愿的奋斗精神和少年儿童的成长需求是大体一致的；另一方面，安徒生的作品充满了神奇、美好的想象，走进安徒生的童话，就好像走进奇妙的北欧大地，走进无比瑰丽的北欧神话一样。安徒生的童话充满了诗意，这诗意既来自作者诗情画意的描写，也来自作品深层的意蕴。

安徒生博物馆附近街景

2. 设计运用

丰富的童话故事一代代流传，成为大人和孩子共同的记忆。那些承载着对生活、亲情以及成长无限憧憬与梦想的童话故事，总在不经意间打动所有人的心。在室内装饰中，也经常会采用童话元素展示童话情节，既丰富有趣，又吸引眼球，唤起共鸣。童话元素的应用不是照搬故事，而是有选择性、创造性地利用，打造出深刻且别出心裁的室内氛围。

（1）儿童房设计

儿童房是孩子对空间、色彩、形状产生最初认知的地方，他们在这里开始探索未知的世界，并时刻准备去发现和创造生活的奇迹，其重要性不言而喻。

看惯了明快鲜亮的儿童房，在天马行空的童话世界之中，那些独具想象力的设计，点缀在家居之中，也装扮在每一个充满童真的心灵之中。

儿童房中的童话世界

“儿童空间不只是一个儿童房”，它除了满足居住需求，还应是一个“高颜值”的早教空间，除了睡眠区，还应该有游戏及学习区、阅读区、社交区以及创作区，让此地成为培养孩子美学、兴趣启蒙的孵化器，成为让孩子独立生活的开端。

玩具作为小主人们的玩伴，不仅能充当模拟社交游戏的“演员”，其柔软的质地也让爸爸妈妈更为安心。摆满了毛绒玩具的儿童房间里，一定也住着一位贴心温柔的小天使。

毛绒玩具的选择宜少而精，让这些小伙伴既能增添房间的热闹，又不要因为“人口众多”让孩子们无从选择。充分了解孩子的年龄、性别、性格特点和喜好，并将之融入房间的设计之中，才能成就一间充满特色又各不相同的儿童房。当然，也有些孩子对公主房间并不感冒，那就选择简单的球状玩具，配上丰富的颜色和图案，就足以激发他们的想象力了。

（2）墙面 DIY

还在为宝贝乱写乱画发愁吗？与其呵斥，不如换一种思路，找到行之有效的引导方法。比如跟孩子一起拿起画笔，让画画变为日常生活的一部分。当画面的尺度放到墙面那么大，孩子们向往的北欧童话森林就没有那么遥远了。只要构思巧妙，现实与画境之间的界限就会被模糊。至于墙画的主题，不妨从宝贝的童话书里找找灵感。

黑板漆不仅是墙面装饰，还是很讨孩子们喜欢的玩伴，随时可变的画面可让宝贝房间的主题常换常新。除了整面墙涂刷的思路，黑板漆还可以按照你的需求配合美纹纸任意限定涂刷范围。可以将其涂刷成矩形，也可以涂刷童趣的卡通造型，甚至可以将其涂在家具上。

黑板漆还是孩子们表达的“晴雨表”，黑色是最常见的颜色，不过浅色调的黑板漆更容易清理，虽然显色性略差，但装饰性更强。大面积的深色黑板漆很容易让儿童房间变暗，亮黄色床品和家具的加入能让视觉有平衡感，在同一房间中使用对比色时需注意两者间的比例。

将磁力板跟黑板漆合二为一的磁力黑板漆，让宝贝的灵感墙更加丰富，除了可以随手涂画，照片甚至是铁皮玩具都可以爬上墙面。磁力墙面最好的工具是粉笔，为了保证磁力效果，通常不会把表面的黑板漆膜涂厚，

童心大发，为家里提供灵感，给家增添了更多的欢乐设计

与普通黑板漆一样需要尽量避免尖锐物品刮划，使用水溶性的环保粉笔更容易保证孩子的安全。

如果对画工不那么自信，那么可以试试拼贴的办法。贴墙纸是最偷懒的方案，想要更加个性的效果，叠加张贴的方法操作起来也不难。旅行地图、随手涂鸦、杂志剪报……把收集的灵感图片贴在床头，创意与美学就这样一点点地发芽。

不论是拥有魔法的冰雪女王、热血励志的少年英雄，还是诙谐有趣的简笔人物，都可以将简单的房间装扮得妙趣横生。漫画的效果虽然很棒，但如果贴满所有墙壁会显得过于凌乱。用纯色的墙面搭配，既可以起到衬托作用，又可以营造欢快氛围。壁纸剩余的边角料也不要丢掉，和宝贝们一起动手，贴在墙边的家具上，不仅可以废物利用，还可以提升家具和墙面的配对指数。

涂鸦挂画，家中的大小访客都争相在此“挥毫泼墨”

（3）童话装饰

住在高楼林立的大都市，各种益处不言而喻，但有些时候，你是否还会向往童话世界中的城堡，或是住着精灵巫师的小屋？这些造型奇特或者憨态可掬的画面总能让人眼前一亮，令人遐想连篇。

童话的装饰设计大多与自然和动物有关，并赋予童话般生动活泼的形象，带给人们更多快乐的体验，也让空间变得更加生动。运用最多的便是黑白动物摄影作品，还有原始森林里动物们和谐相处的画面。除了摄影作品，软装搭配上设计师也侧重原始自然感，从细节出发，利用卡通装饰的点缀得到满满的幸福感。可以在空间中大量使用趣味的家具，或者用自然用色和大胆的动物造型为家居生活添砖加瓦，例如小长毛怪兽般的餐椅、蜗牛地灯、蘑菇小凳、长满苔藓般的沙发，新奇有趣的造型令人眼前一亮。另外设计也将情感融入到家具之间的搭配之中，让居住者获得精神上的愉悦和情感上的满足。

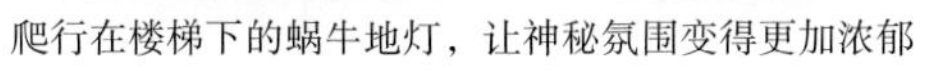
爬行在楼梯下的蜗牛地灯，让神秘氛围变得更加浓郁

大灰熊的装饰画让气氛变得童趣愉悦

充满童趣的装饰摆件

四、自行车文化

1. 文化特点

提起北欧，很多人会不由自主地想起童话王国丹麦，而除此之外，丹麦的自行车文化也越来越被更多人提及。哥本哈根——丹麦首都，这个童话的发源地，同时还拥有另外一个为人熟知的美誉——自行车之城。哥本哈根作为北欧最大城市，素以重视环保和绿色出行闻名于世，是世界上唯一被国际自行车联盟授予“自行车之城”称号的城市。

据说如今流行的低碳生活，就是源于丹麦。在丹麦，500 多万人口的国度拥有自行车 420 万辆，这不能不说是个真实的“童话”。丹麦的儿童一般在学龄前就学会了骑自行车，而不管是高官、律师、教师还是学生，大家都喜欢骑车。

对丹麦人而言，自行车不仅是一种交通工具，更是一种时尚而又健康的生活方式。在哥本哈根的街头，随时可以根据自己的身高租赁到合适的自行车。特种自行车十分常见，也有专门为年轻父母设计的亲子自行车，父母可以同时带着两三个孩子安全出游。

行走在哥本哈根的街头，映入眼帘最多的是品种各异、色彩鲜亮、造型奇特的自行车。骑自行车的男女老幼都有，他们有的休闲打扮，有的着运动装，有的旅游装束，特别是那些戴着头盔的年轻骑手，其矫健的身姿更是令人艳羡不已。

对于每一个哥本哈根人来说，骑自行车已经不只是运动方式，而是融入了日常生活。而城市基础建设战略规划之一，就是将哥本哈根打造为“全球最佳自行车之都”。哥本哈根人每年骑车里程达到 120 万千米，这相当于往返月球两次的距离。丹麦能成为自行车之国，当然有一些先天的有利条件，如地势平坦、城市规模不大，以及城市化程度高等。但最重要的，是丹麦政府的引导和深入人心的环保观念，因为骑行让哥本哈根人更健康，更享受生活，也更加环保。

自行车早已不是什么单纯的交通工具，而是变成了一种乐活态度，两个轮子上的生活方式，带来的是最简单的快乐。

自行车已是丹麦人最自然而然的一种生活方式

2. 设计运用

自行车作为一种简便无污染的交通工具，越来越受到大家的关注和喜爱。一辆好的自行车，可以轻松融入骑行爱好者的日常生活，不仅止于道路，也会跟着你回到家里、进入办公室，甚至还能让你的爱车成为室内装饰的一分子。许多朋友都愿意花大价钱为自己选购一辆高配置的自行车，可是放置在家里确实会占用不少地方。那有没有一些办法可以让空间充分利用起来，既能够安然放置，又能够不显突兀？

（1）自行车装饰

一块坚实的白枫木或者黑胡桃，再加上粉末涂层钢板，用最简单的构成带来最基本的悬挂功能，这同样也是将狭小空间最大化利用的完美解决方案。独特的安装系统同样值得称道，巧妙的安装磁铁可以安装在任何墙面，同时不让你在表面找到一颗螺丝。

将自行车悬挂在墙上也是不错的选择，不同型号的自行车装饰不同风格的房间，以达到浑然一体的室内装饰效果。如觉得单纯地将自行车悬挂在墙上太过呆板无趣，可将一些装饰物或生活用品与自行车相连，打造一个充满互动的小景。

不是经常骑的自行车，将它作为家里的长期装饰，可以利用天花倒置在室内空间里

自行车与墙面平行，车身不靠墙，墙面更干净

（2）自行车改造

如何利用可回收材料，将不再骑行的废旧自行车进行结构性的趣味组合，这是北欧设计师经常思考的问题。他们面临的挑战，就是研究各种材料并加以改造，赋予材料全新的意义，这也是北欧设计环保理念和趣味性的表达。家具取材于自行车的废料，奇妙组合后体现“废材的美”。哥本哈根悠久的自行车骑行历史启发了设计灵感，让设计可以跳出固有的思维，去思考关于自行车的每一个细节，达到零浪费。如果自行车不幸破损需要回收，它的材料还能完整循环利用。设计师深谙，不论环保技术如何发达，再生材料和再生产品都不能违背美观的设计准则。用设计探索人与物之间的关系，运用自行车原本的部件设计出全新的产品，“虽然形态改变，物件与人之间紧密的互动却是不变的”，像变魔术一样把废弃物品循环再利用。通过有机辅料的帮助，将自行车零件改造成为钟表、台灯、吊灯、茶几或者是旋转挂架等，每一款新物品都全方位满足了严格的环境、社会以及经济准则，包含了对大自然的敬畏。

车轮挂架

车轮内架改造成的钟表

安块玻璃当茶几，再收集零件做装饰

不用的自行车做成灯罩

第三节
案例解析

青山湖红枫园

◎ 设计单位：TK 设计
◎ 项目地点：中国杭州
◎ 项目面积：220 m²

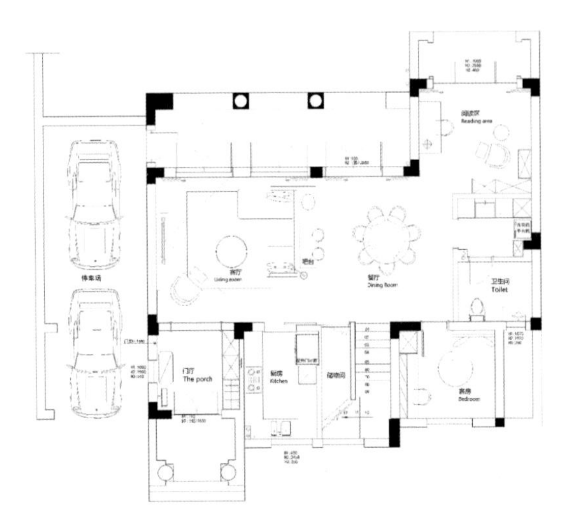

一层平面布置图

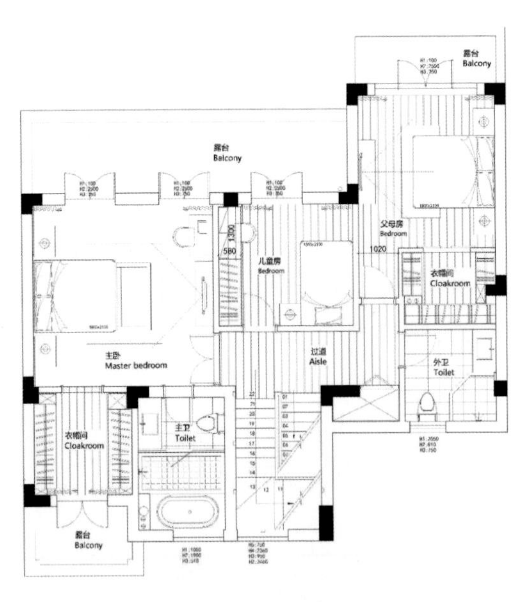

二层平面布置图

一层客厅没有隔断，视觉效果明亮宽敞。浅色大体量沙发可以满足多人观影，活泼的圆几便于移动和玩游戏。

电视墙是一大块木饰面，观感十分温暖，地面做了深色大理石和钢板空格组合的长条形台面，方便摆放一些设备。电线裸露有点多，可以考虑购买集线盒进行收纳。

电视墙一侧增加一个壁灯，形成视觉上的补充，借助房顶上的灯路造型，对应地面划出过道。几何造型的地毯，亮眼不显纷杂。

餐厅和客厅之间做了一个吧台，既可以补充客厅的座位，又可以分割两个空间。吧台留出直饮水水槽，方便日常使用。错落的吊灯增添线条感。

楼梯下做了个储物间的暗门，和厨房的移门门套联合一起。餐厅的吊灯是整个设计过程中最后选配的，前期没有找到特别满意的单品，反复设想了多次现场效果，最后的效果很赞。

餐厅在一个家庭的功能布局中，绝不是可有可无，而是举足轻重。放置餐桌的餐厅处于整个一层的中心位置，连接着客厅和厨房，没有任何墙体的阻隔，既开放又独立。

U 形厨房，木色橱柜搭配小白砖，清新简约。

针对客户的实际需求，一楼卫生间的干区兼做洗衣房。洗衣机与烘干机搭配使用，台盆也采用了可以足够洗衣服的大尺寸。上方吊柜下面加了灯光和挂衣杆，方便收纳。

阅读区刷了一面黑板墙，便于小朋友写写画画，一旁的搁架可放置常看的书籍。

书房现场制作了工作台与书架，书架下方依然有灯光。书房的沙发可以让这里偶尔客串客卧的功能。

家居空间能体现个性感，彰显出主人的品味与格调。在入门玄关，一侧是长凳和衣架，另一侧是整面衣帽柜，功能与美观兼顾，玄关是对主人生活态度和理念的真实反馈。

在玄关鞋柜的位置留空了一层，可以随手放置小物件。

温柔是这个家的自然属性，明暗交错的光线安抚着每一件事物的小情绪，主卧中木色与白色营造出自然清新的氛围，移门后是衣帽间，平常中却带着细腻、慵懒的假日情绪。

主卧卫生间的设计是干湿分离的，干区位于玄关通道内，独立的湿区则铺贴了清水泥砖。因为想要这个空间呈现一种冷静的气质，所以与外部的空间色调有所区别。

穿衣镜旁的小花地毯鲜亮活泼，在这个空间中，色彩的运用很丰富，没有堆积，而是通过色彩的色性、冷暖来进行安排。

衣帽间是两头开门的格局，一侧和主卧连接，以灰色的玻璃移门作隔断，另一侧连接到一个小露台。考虑到放置衣物的美观性和实用性，衣帽间呈现的是开放设计，放弃了柜门，以轻纱作遮挡，视觉上轻柔而不压抑。

二楼次卧与主卧风格大体一致，色调稍微严肃一些。同款玻璃移门，背后是个小衣帽间。设计师很爱的吊灯，线条感十足。此外，木饰面下方仍预留了灯管的位置，作为补充光源。

现代年轻人生活节奏快，生活品质高，希望居室设计简单且富有质感。因此，居室用品除了提供必要的基础功能外，最好还能营造温馨放松的氛围。设计师对于卧室设计的理解，就是休息的地方，简单、高效最重要。清晰的线条，使居室给人一种清新自然、简洁舒适的感觉，还具有较强的几何立体感。

暂时还未入住的儿童房，房间另外一边放了许多玩具和一顶小帐篷。二楼的卫生间优先考虑了小朋友的喜好，使用了小白砖，十分清新。

设计本就源于生活，形式追随功能，任何空间的切割、线条的勾勒，都使用恰当的修饰，深入表达主人的人生态度。

在二楼主卧和儿童房上方搭建出来的小阁楼，作为一个小型活动区。整个楼梯和公共区域轨道都布置了感应灯。

花园的布局和功能十分清晰，右侧利用循环水泵做了个小鱼池，水池区使用花岗岩铺贴，分割成块，中间填放了鹅卵石。在最初的设计方案中，水池区的位置是准备搭建一个工作小屋的，后来考虑实用性舍弃了这个想法，最终呈现的花园更加简洁。

● 北欧格调软装分析

打造要点	打造细节	图片
强化几何元素图案	北欧风格几何元素最具特色的莫属三角形和多边形图案了，融合了简洁大方的特性，在大面积留白的墙面上挂上精致的装饰画，文化砖、网格架等有趣的小墙饰，在增添空间的舒适与优雅感的同时，还能增添清新与文艺气息	 
偏好浅色调	原木和白色几乎是北欧风的主打色，浅色调的实木家具更是北欧风空间衔接最重要的一环，比如地板、餐桌等都以原木色为主。木材的原始色彩和质感，会让整个空间更加贴近自然，营造舒适的居住环境	 
家具选择注重功能性	作为追求极简生活的北欧风格，在家具的选择方面，比如茶几类，可能会影响空间动线的，往往都是以小为主，而且外形通常也会做圆弧处理，给人以安全舒适的生活体验	 
木材大量运用	在北欧风格的装修中，木材占有很重要的地位。虽然其所起到的作用不是保温，但是也能够为我们带来惊喜的装修效果。如果觉得单纯的北欧风太单调的话，不妨试试添加一些木制元素，让北欧风也变得更有生气，贴近生活	 

参考文献

[1] 张龙 . 中式家居环境设计浅析 [J]. 居业 ,2016,1.
[2] 栗军 . 新中式新视觉新生活——新中式家具设计探析 [J]. 艺术科技 ,2017,1.
[3] 陈长录 . 意境——绘画作品中的灵魂 [J]. 时代文学 ,2008,14.
[4] 徐文苑 . 中国饮食文化概论 [M]. 北京 : 北京交通大学出版社 ,2005.
[5] 冯国超 . 茶道 [M]. 呼和浩特 : 远方出版社 ,2001.
[6] 贾红文 , 赵艳红 . 茶文化概论与茶艺实训 [M]. 北京： 北京交通大学出版社 ,2010.
[7] 杨涌 . 茶艺服务与管理 [M]. 南京 : 东南大学出版社 ,2007.
[8] 万长林 . 从文化的视点看中国陶瓷艺术 [J]. 中国陶瓷 ,2004,1:67-68.
[9] 潘华 . 简述现代居室设计中的陶瓷元素 [J]. 安徽文学（下半月）,2010,3:116-117.
[10] 张志超 . 不败的中国红——浅谈“中国红”在包装设计中的色彩运用 [J]. 教育界 ,2013,12.
[11] 陈晓敏 . 中国民间美术的色彩观念 [J]. 艺术百家 ,2008,5:244-246.
[12] 孙岚 . 浅谈“中国红”在国内品牌包装设计中的应用及再思考 [J]. 设计 ,2014,2:116-117.
[13] 张生 , 李蒙 . 论中国红元素在室内设计中的运用 [J]. 家具与室内装饰 ,2017,7:116-117.
[14] 樊宗敏 . 徽派元素在现代室内设计中的应用 [J]. 设计 ,2018,13:154-155.
[15] 朱艳 . 浅析日本“浮世绘”[J]. 东方企业文化 .2007,2:122-123.
[16] 刘亚轩 . 中外民俗 [M]. 郑州 : 郑州大学出版社 ,2011.
[17] 肖伊 , 林颖 . 茶道 · 花道 [J]. 广东茶业 ,2004,2:24-25.
[18] 李雪梅 . 日本 · 日本人 · 日本文化 [M]. 杭州： 浙江大学出版社 ,2005.
[19] 张清雅 , 陈玮 . 中国现代园林可鉴的日本枯山水 [J]. 大众文艺 ,2019,20:63-64.
[20] 周大满 . 从日本动画谈文化艺术的传承与融合 [J]. 丝绸之路 ,2015,6:63-66.
[21] 陈加松 , 胡国华 . 论洛可可风格的惊艳之美——续装饰是否罪恶之辩论有感 [J]. 网络财富 ,2009,23:88-89.
[22] 程方圆 . 浅析居室设计中的自然风格 [J]. 商情 ,2019,28.
[23] 黎佩霞 , 范燕萍 . 插花艺术基础 [M]. 北京： 中国农业出版社 .2002.
[24] 郭春燕 . 香水情氛： 调出来的神秘 . 长春 : 吉林人民出版社 ,2006.
[25] 乐活 . 意大利——西餐之母 [J]. 青春期健康 ,2014,20:84-85.
[26] 莫劳 . 豪情洋溢的意大利美食 [J]. 中国食品 ,2006,11:16-17.
[27] 唐黎标 . 餐桌摆花有讲究 [J]. 中国花卉园艺 ,2003,4:34-35.
[28] 周淑贞 . 设计符号学研究——光元素在欧洲教堂建筑设计中的运用 [J]. 文艺生活 · 文艺理论 ,2013,4:102.
[29] 李丽博 , 杨东豫 . 浅论北欧建筑的独特性以及影响 [J]. 建筑工程技术与设计 ,2016,30.

图书在版编目（CIP）数据

软装搭配分析 / 徐娜编著. -- 南京 ：江苏凤凰美术出版社，2021.1
ISBN 978-7-5580-7235-2

Ⅰ. ①软… Ⅱ. ①徐… Ⅲ. ①室内装饰设计 Ⅳ. ①TU238.2

中国版本图书馆CIP数据核字(2020)第244865号

出版统筹 王林军
策划编辑 段建姣
责任编辑 王左佐
助理编辑 孙剑博
特邀编辑 段建姣
装帧设计 毛海力
责任校对 刁海裕
责任监印 唐 虎

书 名 软装搭配分析
编 著 徐 娜
出版发行 江苏凤凰美术出版社（南京市湖南路1号 邮编：210009）
出版社网址 http://www.jsmscbs.com.cn
总 经 销 天津凤凰空间文化传媒有限公司
总经销网址 http://www.ifengspace.cn
印 刷 北京博海升彩色印刷有限公司
开 本 710mm×1000mm 1/16
印 张 15
版 次 2021年1月第1版 2021年1月第1次印刷
标准书号 ISBN 978-7-5580-7235-2
定 价 89.80元

营销部电话 025-68155790 营销部地址 南京市湖南路1号